起
解
决
问
题

治愈系心理学

食物与执念
藏在饮食中的心理学

FOOD STORY
Rewrite the Way You Eat, Think and Live

[美] 爱丽丝·穆塞尔斯（Elise Museles）

李林　译

人民邮电出版社
北　京

图书在版编目（CIP）数据

食物与执念：藏在饮食中的心理学 ／（美）爱丽丝·穆塞尔斯（Elise Museles）著；李林译. -- 北京：人民邮电出版社，2022.6
（治愈系心理学）
ISBN 978-7-115-59248-4

Ⅰ．①食… Ⅱ．①爱… ②李… Ⅲ．①饮食—应用心理学 Ⅳ．①TS972.1

中国版本图书馆CIP数据核字(2022)第074456号

内 容 提 要

关于食物，每个人都有一些特别的故事：对食物的感受、思考；为了减肥而节食，有时又暴饮暴食；渴望吃某些特定的食物……这都源于我们对食物的执念。如果我们与食物之间的关系很紧绷或者充满负面情绪，那么它的影响往往会在不知不觉中渗透到生活的各个方面。

我们的食物故事由许多事情组成：我们的成长经历，家人等重要他人与媒体传递给我们的信息，有关食物或美好或痛苦的记忆等。所有这些结合在一起会对我们的思维和行为模式产生直接的影响。在《食物与执念》一书中，饮食心理学专家和健康培训师爱丽丝·穆塞尔斯提供了一种方法，以帮助我们找出对食物的执念，改写混乱的食物故事，并引导我们找到一种更快乐、更放松的方式来饮食、思考和生活。通过了解自己对食物的执念、探寻自己的食物故事及它们如何塑造和驱动我们在饮食方面的选择，我们将告别有关吃喝的内疚与羞愧。从此，食物不再是难题，而是滋养身心的美好事物。

书中没有硬性的行动计划，而是充满了发人深省的问题、启发性的练习和切实可行的工具，此外还包含了35个让人垂涎欲滴且能帮助我们达到目标状态的食谱及7个养成良好习惯的小仪式。我们的最终目标不是控制食物，而是让食物帮我们过上更好的生活。

◆ 著　　［美］爱丽丝·穆塞尔斯（Elise Museles）
　　译　　李　林
　　责任编辑　黄海娜
　　责任印制　彭志环

◆ 人民邮电出版社出版发行　　北京市丰台区成寿寺路 11 号
　　邮编 100164　　电子邮件 315@ptpress.com.cn
　　网址 https://www.ptpress.com.cn
　　三河市中晟雅豪印务有限公司印刷

◆ 开本：700×1000　1/16
　　印张：14　　　　　　　　　　　2022 年 6 月第 1 版
　　字数：200 千字　　　　　　　　2025 年 1 月河北第 5 次印刷
　　著作权合同登记号　图字：01-2021-6472 号

定　价：69.00 元
读者服务热线：（010）81055656　印装质量热线：（010）81055316
反盗版热线：（010）81055315
广告经营许可证：京东市监广登字 20170147 号

推荐序

///////////////////////////

> 我大半生一直研究人生的意义，答案还是吃吃喝喝。
>
> ——蔡澜，《今天也要好好吃饭》

吃喝是人类的基本生存本能，同时，也承载了最为丰富和个性化的心理文化内涵。

"民以食为天"，食物的重要性不言而喻，食物不仅能保障民生，也能安稳人心。自古以来，人们对美食的兴趣和探索，既包含了文化和地域的属性，也体现出个人独特的审美趣味，成为生活品质的象征。

除了食物的文化叙事，我们的个人叙事也和食物紧密相关。我们会发现，每个人的饮食偏好、习惯和行为模式，都留有成长的印记，我们甚至可以通过一道菜、一种食物回忆起童年时光，重新回到某个熟悉又遥远的场景……

在我看来，一个人的饮食行为就像一张心理地图，展现了一个人和自我的关系、和他人的关系、个人的情绪压力状态，以及生活的节奏和生活态度。我们发现，对吃真正健康的东西充满热情的人，多半对自己和生活也充满了热情。从食物中获得的幸福感，也会表现在一个人的脸上、心里和生活状态中。因此，培养良好的饮食习惯，不仅能改善我们与食物的关系，我们与其他人或事物的关系也可以得到提升。

在《食物与执念》这本书中，作者爱丽丝·穆塞尔斯运用叙事的理念和视角，将我们和食物的关系视为一个食物故事，带领我们去探索食物故事中蕴藏的力量，重新书写滋养身心的新故事。故事的隐喻，来自后现代主义疗法"叙事疗法"（也叫"叙事实践"）的理念。叙事疗法在意本土文化和社会话语，重视每个人生活的意图（你想要什么样的生活状态）和主体性（对自己的生活负责，重新审视自己的生活并采取行动），这些重要的原则在整本书中都有体现。

在现代社会，我们和食物的关系从原本单纯、自然、简单的状态，变得越来越紧张和焦虑。有太多声音和规矩告诉我们，什么是健康的、什么是不健康的，同时还有社交媒体上各种关于"完美"身材和饮食计划的信息轰炸。食物变得让我们又爱又恨，给我们带来了很多焦虑和压力，甚至有人出现饮食困扰，更严重的是一些人还会出现进食障碍。如果你正处于这样的困扰之中，也许会在这本书里找到似曾相识的食物故事，并且可以进一步看清你对食物的执念到底是什么。

"看见"是疗愈的开始。你可以从书中的 8 个削弱内心力量的食物故事中找到深深的共鸣，从束缚自己的饮食执念中跳出来，一步一步改变执念。同时，通过梳理对食物的记忆，你可以理解自己对食物的执念来自哪里，它们如何塑造了你的食物故事。这本书中既有鲜活的案例，又有层次清晰而简明的书写练习，帮助你更好地回顾和整理自己的食物故事。这个过程不仅可以厘清你和食物之间的关系，更重要的是，透过食物，我们看到了自己的成长经历、重要关系、自我概念、核心信念和习惯模式，进而去开启一场自我发现和自我疗愈的旅程。

更可贵的是，作者把她的个人故事也融入其中，她从一名律师转变为一位饮食心理学专家和健康培训师，找到了内心热爱的事业发展方向；她和食物的关系从原本的紧张和僵化变得更有弹性，更加灵活。她学会了享受食物带来的快乐，让食物真正滋养身心，并在这本书的后半部分附上了她个人研发的美食食谱。她用自己的真实体验，不断地传达这样的理念：你可以重新获得对自己生活的主导权。

我很喜欢这本书里反复提到的一个核心问题：你想要何种状态？很多时候，当我们深陷情绪困扰和疲惫不堪的忙乱状态时，这个问题就像一艘船在茫茫大海中航行时的灯塔之光，让我们重新看清自己的方向。对于事业，你想要何种状态？对于人际关系和家庭生活，你想要何种状态？对于你的身体，你想要何种状态？对于每天的生活，你想要何种状态？如果你已经很久甚至从来没有问过自己这些问题，也许可以跟随这本书中的练习，向着自己想要去的方向启航。此外，作者还提供了一系列非常实用、通俗易懂的方法，你会惊喜地发现，自己的生活中有很多可用的资源，能够帮助你达成目标，重新书写你想要的食物故事。

更为重要的一点是，饮食行为在我们每天的生活中都会发生，它是一个非常好的练习工具，你可以随时开始书写自己的食物故事。作为一名饮食心理学领域的研究者和实践者，同时也是后现代取向的叙事治疗师，我非常感谢这本书的作者为大家带来这样一本简便实用、可读性极强的好书。

这是一本能给你带来疗愈的书，在开启这本书的同时，你也开启了自己新的可能。

张　婍

美食心理学创始人

暂停实验室健康饮食行动营主创

北京联合大学师范学院心理学系副教授

2022.6　北京

引 言

////////////////////////

　　当你还是一个婴儿、还在蹒跚学步时，饿了你就会张口、饱了就会摇头。你既不感到焦虑，也不计算卡路里，既不自责，也不会小题大做。吃喝是如此单纯、自然，如此从容不迫、简单直接，仿佛呼吸一般。

　　后来，一切都变了。吃喝再也不是一件单纯、自然的事，变得让人困惑、疲惫和沮丧。一时间，突然冒出了无穷无尽的"饮食规矩"，规定我们"应当"吃什么、"不应当"吃什么，同时还有关于体重与"完美"身材的标准。食物带给我们的是焦虑与压力：早餐该吃什么？为什么坚持饮食计划如此困难？哪种饮食计划是"正确"的？我是不是又吃撑了？饮食这件事，对于他人来说似乎是小菜一碟，我却不得要领，这究竟是为什么？

　　如果这些感受让你觉得似曾相识，那么不用担心，其他人同样也有这些感受，并且这些感受都是正常的。无论你曾经试过多少种饮食计划与排毒方法，无论你此刻感到多么焦虑、疲倦、不堪重负，你都可以与食物和好，并从食物中获得快乐；在你与食物的关系中，你仍然可以感到舒心与自信，你仍然可以与身体及其内在智慧恢复交流，从而获得健康与幸福。

　　要做到这些，首先要理解你的食物故事，你的食物故事所讲的是你对食物的个人认识。与食物和好，不是要多吃羽衣甘蓝、多喝水、多做瑜伽，而是要释放食物故事中蕴藏的力量，并重新书写故事中不再滋养身心的内容。

　　我们的生命太过短暂，我们拿不出几年、几周甚至几个小时的时间为食物而苦恼。我们要与可爱的孩子们依偎在一起，要轰轰烈烈地发展事业、筹划精彩的假期、追寻甜美的梦想、留下难忘的回忆。当你为食物心烦意乱的时候，它会偷偷地消耗你的时间、精力、快乐，使你无法纵情地享受生活。

对此我有亲身体会。有一段时期，我的食物故事中充斥着负面情绪——我要严于律己、克制和控制自己，这差点让我与婚姻失之交臂。那时我仿佛着了魔，要计算每一小朵清蒸西蓝花（无盐、无油）的碳水化合物含量，我的男友（即我现在的丈夫）实在看不下去了，对我说："我真的受不了了！"在之后的一段时间里，我们没有再联系彼此。

负面的食物故事会破坏你的生活，这只是一个事例。饮食问题可以破坏你的婚姻、事业、友情；饮食问题会损害你的身心健康；有饮食问题，你便不再是孩子们的好榜样，因为孩子们总在看你如何选择食物、如何谈论食物和如何对待食物。你对他们有潜移默化的影响，他们会模仿你（你以为他们没有看到，但实际上他们一直在注意你）。

总之，如果你与食物之间的关系很紧绷或者充满负面情绪，那么这种影响往往会不知不觉地渗透到你生活的各个方面。它有如千钧重担，将你拖入深渊。这是坏的一面。好的一面是，如果你将自己与食物的关系视为一个食物故事，那么你会发现，这个故事不是一成不变的。你可以改变它，可以翻开新的一页，甚至书写一个新故事。

为何要写这本书

起初我是一名律师，专业领域是移民法。作为律师，我见识了叙事方式的重要性。以某一种方式叙述一件事，你可能会输掉一场官司；换一种方式叙述这件事，从一种新的视角审视它，你可能会让他人改变观点、修改规定，甚至修订法律。一个新的叙事方式足以翻天覆地！

从事律师行业多年后，我的事业有了新方向，我要去做自己最热爱的事情：增强他人的内心力量，帮助他们过上更健康、更幸福的生活。其实，即便在我做律师的时候，亲友也时常找我咨询有关身心健康的各类问题。最终我认识到，"这也许就是我毕生的事业"。后来，我取得了全面营养学（holistic nutrition）与饮食心理学（eating psychology）的专业资质，并成立了一家专业教练机构，帮助人们改变他们的饮食、思维与生活方式。

当有新学员向我咨询时,我总是会问他们一个问题:"能否谈一谈你与食物的关系?"我原以为学员们会滔滔不绝地讲起来,但实际上他们要么茫然地看着我,要么只挤出一字半句的答复。

"一言难尽!"

"说不好。"

"唉,别提了!"

很明显,此路不通,我需要重新思考我的提问方式。回想起从事律师时的心得,我重新提问:"请围绕食物讲一讲你的故事。"哈,成功了!

是故事就有主题,有一波三折的情节,有主要人物、次要人物与反派。学员们将自己与食物的关系作为故事讲出来,会讲得更加生动、有趣、活泼,他们能以一种新的方式向我讲述他们喜欢哪些食物、不喜欢哪些食物,饭菜入口前的自我暗示,童年往事与记忆中的饭菜,以及他们听到的有关身体健康的各类信息。在这个问题的引导下,学员们敞开了心扉,向我倾诉有关饮食的困难与愿望。在故事视角下,学员们更清晰地认识到,他们与食物的关系是否和谐并不完全取决于自己,还取决于其他人及一些外部因素。

后来,我开始以食物故事为主题举办工作坊,请朋友与同事讲述各自的食物故事。许多人茅塞顿开并说:"我从来没有想过,自己居然有一个食物故事。"他们开始理解自身的一些观念与行为从何而来,与之相关的羞愧感也随之释然。基于食物故事视角,他们发现自己的食物故事仿佛生活中的跌宕起伏,会不断地变化。每个人的食物故事并不是在一个篇章中停滞不前,恰恰相反,它会不断地展现出新的认识。

我亲眼看到学员们取得突破,在一个全新的层面疗愈旧伤。他们一旦认识到,重新书写自己的故事有助于塑造今天的自己,就会转变对食物的观念。他们的内心获得了力量,并且能够摈弃那些无益的习惯。他们不再为吃进去的每口饭菜担忧。食物不再是难题,而是滋养身心的美好事物。他们开始善待自己。对我的大多数学员而言,找出食物故事,一切就水到渠成了。

观念与食物同等重要

我在传播自身心得、帮助他人的同时，也在进一步揭开自己的食物故事。我已经取得了不少进步，不再为体重而焦虑。我不再那么在意骨感，转而去追求健康。我懂得如何为身体提供营养，使它富有活力。那时，我在追求"干净饮食"，不但有意避开精制糖，而且还把彩虹般五颜六色的食材与营养极其丰富的"超级食材"统统请上餐桌。我认为自己恢复正常了，因为我不再痴迷于自己的身材，同时更关注自己的感受。

然而，在内心深处，我仍旧没有摆脱焦虑的束缚。虽然我不再为"完美饮食"而焦虑，但我又开始为"追求健康"而焦虑了。我总在想：要塑造最好的自我，我的努力是否不够？我的绿叶菜摄入量是否不够？我做的排毒是否不够？我做的自我保健是否不够？我的备餐方式是否不够好？此外，为了给孩子们做榜样，也为了在学员们面前做到言行一致，我给自己施加了很大的压力。表面上，我似乎已经达到了身心健康的境界，但内心中，做身心健康的标杆却让我忧心忡忡，我为自己设定荒唐的标准，简直无法企及，更不要说坚持下去了。我没有意识到自己的想法与行为已经出现问题，因为这些想法与行为的初衷都是"追求身心健康"。这是不是有些讽刺的意味？我想要塑造最好的自己，但我并不开心。

当我扪心自问，为何我的饮食与自爱变得如此复杂时，我意识到，我有能力改变内心的声音，重新书写自己的认识，讲出一个健康、幸福的食物故事。我努力回想往日充满关爱、令人振奋的饮食经历。例如，在我的成长过程中，每天与家人共进晚餐；节假日家庭聚会期间，母亲看似漫不经心地款待亲友，但实际上她使节假日过得更有意义；我还记得父亲为了保持健康，每天坚持去健身馆，这感染了我们。

我提醒自己，食物的真正内涵在于滋养身心、交流情感、汲取活力、带来快乐、关爱彼此。我不再担心食物会对我造成哪些伤害，而开始思考食物会为我带来哪些益处。我开始将自己的身体视为战友，将食物视为最有裨益的挚友。我重新书写食物故事，做到表里如一，让心中的声音与盘中的饭菜一样，鼓舞我前进。

当你拿起这本书时，也许是因为你想要改变自己的食物故事；也许是因为你想要赶走心中的那个批评者、为老一套的腔调画上一个句号；也许是因为你想在每年的元旦、每个周一甚至吃每顿饭时打破不断重复的怪圈；也许是因为你想要在尽情享受一顿美食（巧克力蛋糕）后毫无内疚感；也许是因为你不想再因为没有像网红一样吃喝或保持身材而自责；也许是因为你不想再追求完美而想要保持一颗平常心；也许是因为你终于决定彻底改变现状，让饮食不但不羁绊和控制你的生活，反而帮助你尽情享受生活。

无论出于何种目的，你确实可以改变你的食物故事。你确实可以与自己的身体恢复交流并再次信任自己。抓住这次机会，抛开条条框框，别再推脱，向前看。你的眼前是崭新的未来。书写你自己的食物故事！那么，要怎么做呢？

提起笔来

现在，该由你提起那杆神笔，重新书写你的食物故事。不妨把本书看作你的私人教练，让它一步步地指点你绕出心中的迷宫，摆脱长久以来欲罢不能的内疚感、羞愧感与老套的故事。本书既是一位导师，也是一个为你摇旗呐喊的队友，同时还是一位不离不弃的好友。它是你关爱自己的通行证，它会把你引见给那个真实的自己、那个始终为你守候的自己。为此，本书分为以下两部分，其中包括多种实用方法和美食食谱。

食物故事

本书为你而写，所以没有硬性的行动计划，而是给出了供你思索的问题与启发性的练习，以及大片的空白，供你记录自己的思索过程与感悟。你还会找到一切必要的素材，帮助你摒弃负面的自我暗示，消除自己制造的压力，重获内心的力量与自信。

此外，你还会在书中发现排除食物杂音干扰的办法，成为深谙自己身体状态的专家。你会理解，要采取哪些具体步骤才能将关爱自身健康摆在日常活动的首位，而不会在忙于应对各类事务（与各种人）时忽视自身的健康。你将探究如何对食物和个人状态保持主导感，从而发挥内心的力量做每一天的主人翁。你会得到我的秘诀，即便在生活一团糟、充满坎坷时，即便在你忙得焦头烂额时，也能够保持饱满的热情与昂扬的心态。你将通过有趣的小仪式清理厨房空间，在无须增加新厨具的前提下，给厨房带来焕然一新的面貌与氛围，使你每次踏入厨房都会有别样的感受。最后，你将掌握所有必要的方法，接纳并体验崭新的食物故事！

食谱与仪式

接下来就是烹饪与大快朵颐的时候了！前半生我们要么因为自己屈从于口腹之欲而自责，要么多年一直将一些食物拒于千里之外（如碳水化合物），从而难以想象食物带来的快乐——选购食材的快乐、尝试新食谱的快乐、吃喝的快乐——那是一种源自内心深处的开心、激动、触动与享受！正因为上述原因，我才提出完全不同的方法，使你以一种全新的方式体验食物。我不会为你指定食物（不过你会发现，本书中将提到许多蔬菜），但会帮助你通过有趣、科学的视角看待食物，使你重新获得主导权。

在这一部分中，你会发现35个按照不同状态整理的营养丰富的全新食谱以及7个简单的小仪式。首先，你要思考一个简单的问题："我想要何种状态？"是开心幸福、专心致志、容光焕发、坚强有力，还是舒心自在、感官满足、从容镇定？有了答案后就可以选择对应的食谱与小仪式来达成你的目标。

你还可以通过一些仪式进一步提升状态，如跳舞、喝茶、写作、晒日光浴，甚至是温馨地独处。随时想一想："我想要何种状态？"然后去烹饪、去品味、去生活！

做你的食物故事的主人公

本书将引领你翻开生活的新篇章，它会带给你希望、乐观、解脱，帮你重获内心的力量。往事存在于过去，它已然发生，不可改变。不要再为食物而焦虑，要展开生命的新篇章。

何不以本书为起点，写下崭新的篇章？

目录

CONTENTS

食谱与仪式 开心幸福

专心致志

容光焕发

坚强有力

第 1 章

找出你对食物的执念

FOOD

STORY

什么是食物故事

说到食物，每个人都有一段故事。你对食物的感想、对口腹之欲的过度克制或过度纵容、对某些食物的偏爱……这背后总有一段故事。

在你的故事中，也许会出现你的母亲。例如，有一次你的各科考试成绩全优，母亲为你庆祝，带你去吃巧克力圣代。

在你的故事中，也许会出现你的父亲。例如，几十年来，他默默地与肥胖体型做斗争，但偶尔也会在车的仪表盘储物箱内藏一些糖块儿。他曾对你说："不要告诉妈妈，替爸爸保守这个小秘密，好不好？"

在你的故事中，也许会出现你的大学室友。例如，你通过她第一次认识了无糖苏打或者缓泻剂。在你的故事中，也许会出现你的姨妈，她家的番茄沙司总是香飘四溢，她为你开门、拥抱你时总会让你感到那是她对你无条件的爱。

食物故事仿佛一盘大杂烩，它蕴含着你的成长经历、家人等重要他人与媒体传递给你的信息、有关食物或美好或痛苦的记忆——所有这些元素交织在一起，便构成了一段独特的故事。

你的食物故事＝你对食物的执念＋你对自己的明示与暗示。

在你的故事中，也许主题是克制与追求完美，如"我必须认真控制饮食，否则就会一团糟"；也许主题是困惑，如"我对食物就是不在行。我从来弄不清应当吃什么、吃多少"；也许主题是回报，如"我努力工作了一整天，所以我应当犒劳自己，喝一杯玛格丽特鸡尾酒，再吃一盘墨西哥烤奶酪玉米片"；也许主题是坚强有力，也许是难过、焦虑、无助。

也许你会想，"唉，我没有什么关于食物的故事。别人也许有，但我没有。"你错了。关于食物，每一个人都有自己的故事，包括你！不妨先听听我的故事。

我的食物故事

当我还是一个小女孩时，住在美国加利福尼亚州南部。我梳着马尾辫，在阳光下、热浪中跑来跑去。我与食物的关系是轻松愉快的。我家后院的橙子树上结着亮晶晶的橙子，我饿了就把它们摘来吃掉。如果我吃了一大口彩虹糖豆，我只会想，"哇！这彩虹糖豆真好吃。"我饿了就吃，饱了就玩，对食物没有丝毫的内疚感。但好景不长，在刚进入青春期时，我变了。

在我 9 岁时的某一天，我到戈登医生的诊室做年度体检，我站在冰凉的体重秤上，大人们围在我身旁，彼此在耳边轻声说话。我在心里默默祈祷，妈妈与戈登医生正在讨论我是否能够打耳洞的问题，因为那几个月来，我一直在为这件事求爸爸和妈妈。我等得实在不耐烦了，就打断他们，问戈登医生是否可以为我打耳洞。他转过身对我说，如果我减掉 2.5 千克的体重，那么我就可以来找他打耳洞。那是我最大的愿望，所以我用力地点了点头。

那次体检的其他细节我已经记不清了，但我仍然清晰地记得体检之后我的感受。我非常想要遵守医生的嘱咐，在大人面前好好表现并最终赢得奖励。当天下午，我就开始减少饭量、多做运动并近乎虔诚地称体重。我默默地做着这些事，直至精疲力竭。体重秤上的数字一点点地降低，最终，我们终于与戈登医生约好了打耳洞的时间。

然而，真正开始打耳洞时，我感到疼得钻心，就大哭起来，但经过这件事后我明白了一个道理，如果我决心干一件事，就一定能成功，包括改变体重秤上的数字。

那时，我的父亲也在与他的心魔做斗争，为了抑制自己吃夜宵的习惯，他采用了最朴实的办法——用铁链把冰箱锁起来。

"爸爸要锁冰箱了！还想吃什么吗？"他用大锁链捆住冰箱之前，会对着楼上的我们这么喊，然后就会用一个奇大无比的锁咔嚓一声锁上，把钥匙交由我母亲保管。说来好笑，我和姐姐发现，铁链捆得略有余地，我们的小手刚好可以探进冰箱并轻轻地夹出手撕奶酪条与胡萝卜，这一度成了我们的新游戏。

后来，有小朋友来我家做客，发现被锁链捆住的冰箱，这种乐趣就随之消失了，因为我们无法与小朋友一起吃夜宵了，这可是具有"历史意义"的重要娱乐活动。我只好讪讪地解释，然后拉着他们去屋子里其他地方玩，同时心中火冒三丈：为什么我的家庭就不能正常些。接下来的日子，我会尽可能地去朋友家里玩。虽然冰箱并非因我们而上锁，但这件事俨然融入了我们的食物故事，在我们各自的生活中以不同的方式表现出来，如进食障碍、羞愧感、过度克制、窘迫感。

青春期时，我在一所女子中学上学，在这所学校里，我们不仅穿着同样的校服，拥有同样的征服世界的远大理想，而且都在计算食物的卡路里，都喝无糖苏打水，这样的氛围让我始终如着魔一般盯着自己的体重。那些年，母亲与其朋友之间的聊天内容让我越发感到投机，她的朋友为了保持令人艳羡的苗条身材把盘中的食物拨弄来拨弄去，就是下不了决心把它放入口中。她们去餐厅吃饭时，要自备无脂沙拉浇汁，而且对一些种类的食物唯恐避之不及。我先是模仿她们的做法，进而尝试更为极端的节食形式。高三时，为了参加学年末的舞会，我和同学一起节食。那时，我们连腌咸菜都不吃，我清晰地记得自己把闺蜜手中的腌咸菜一把打掉，同时对她说："不行！含盐量太高。这会造成水肿和胃胀！"我还尝试过减肥药及一些非常不正常的饮食。

整个大学期间我一直坚持这些习惯，后来又带着这些习惯来到美国东海岸学习法学，并邂逅了史蒂文（Steven），他现在是我的丈夫。我们几乎一见钟情，并开始憧憬毕业后的美好生活。

然而，在一个本该十分浪漫的傍晚，所有那些梦想一下成了泡影。

那晚，我们坐在一家世界知名高档餐厅里，这家餐厅位于华盛顿特区郊外，驱车一小时才能到达。我们事先看了无数点评，为预定位置又盼了三个月，再加上菜品本身的色、香、味和美感，这一切让我在憧憬之余兴奋不已。我们坐在一个边角桌位，桌上摆着香槟酒杯与两盘精美的佳肴，与其说它们是美食，倒不如说它们是大师创作的艺术作品。我不敢相信，久盼的一天终于来了。

只是，我的脸上没有笑容，我也没有用餐。我有些哽咽，胃里也有些痉挛。

为了庆祝我从法学院毕业，我与心爱之人身着礼服坐在一顿五道菜的全套正餐前，却无论如何也吃不下一口，因为他要与我分手。此情此景，让我情何以堪。

分手的理由不过是饮食问题，并且只是饮食问题。虽然我们彼此相爱，但他希望自己的妻子能够自由随性地吃喝，能够与他一起享受巧克力、葡萄酒，一起享受有益的、完整的一顿饭菜，比如我们面前的这顿正餐。更重要的是，他希望自己的妻子活在当下、融入每时每刻的生活中，而不要像现在这样自寻烦恼，给自己强加硬性的束缚，以致心不在焉、虚度生命，更不要像我这样时时焦虑不安。其实，除饮食之外，我们之间具备发展持久关系的其他所有要素，如我们都喜欢养大型犬、爱在深山中徒步、在喧嚣的舞会中劲舞、品读触及灵魂的书籍、领略异域风情。

然而，饮食——该死的饮食，却成了障碍。

从我记事开始，我就感到自己需要控制饮食，因为我担心它会给我带来坏处，如我会不会变胖、会不会胃胀、会不会屈从于口腹之欲。我做梦也不会想到，在我头脑中窜来窜去的这些忧虑，有一天会让我错失一段姻缘。

那晚在进餐过程中，史蒂文看着我把奶油沙司拨到盘子一边。他看着我说："我享受食物带来的快乐，也喜欢在餐厅进餐，这是生活中最快乐的事情，能够与他人分享这种快乐对我很重要，但我和你就做不到这一点。从来没有过，一次也没有过。你对吃什么、不吃什么过于焦虑。你的饮食规矩太严格了。我担心这样下去你的身体会吃不消的，我不忍心看着你这样下去。"

不知不觉间，有人来到我们的桌旁，打断了我们的谈话，他不是服务员，而是餐厅厨师。他穿着白色厨师服，衣襟右上角有他的法文名字。这个场面有些惹眼，但我已经顾不上这些了。他问道："请问，菜品有什么问题吗？我看到你们没有用餐。来这里的客人一般不会不用餐的。"

这无异于在伤口上撒盐。我想大叫:"别烦我!我吃不吃与你没有任何关系。"但我没有喊出口,只是忍着眼泪抽噎。这个场面尴尬至极。这不是头脑一时发热的吵架、拌嘴,而是内心深处的一个问题。

史蒂文的话刺痛了我。从我记事以来,控制食物、保持体重一直是我的生活习惯。我从未想到这会是一个缺点。我身材苗条,而且我选择的都是健康的食物。我对此很满意,在我看来,我的做法没有任何问题。

史蒂文没有等我说完就打断了我,他整晚想说的话终于说出了口:"爱丽丝,抱歉,我真的受不了了。"我感到心头一冷。

他说,对他而言,食物是生活的一部分,更是家庭生活的一部分。他说,我们曾经讨论过要组建一个家庭,但他不想让我的饮食问题拖累家庭生活。他希望能够与我快乐地生活在一起,而不想看着我对食物中的碳水化合物、脂肪含量、钠含量发愁,这使他感受到巨大的压力。我的压力像洪水一样涌向他,让他感到焦躁不安。

于是我们分手了。

毕业后,我回到加利福尼亚做了一名移民律师,全身心地投入到工作中。同时,我的食物故事也进入了修复阶段。

与史蒂文的那次晚餐是我生活的一个转折点。我意识到,我的内心并不健康,我的食物故事复杂、一团糟,并且影响了生活的其他方面。我如梦初醒,第一次发现我对饮食的执念不但折磨自己、使我与自己的身体之间产生隔阂,而且还使我与他人之间产生隔阂,使我无法活在当下和体验生活中的快乐。

我希望食物不再复杂,不再给我带来压力,而是变得单纯、轻松。我希望食物履行大自然赋予它的职责,带来营养、快乐和情感交流。

谁会预料到,一场庆祝晚餐不欢而散,而后又带给我这些感想,但这是现实。

回首往事,我发现,我的食物故事让我吃了多年的苦头,而这完全是我自讨苦吃。我越努力地控制,越坚决地将认识付诸实践,生活离正轨就越远。无论我身在何方，这个问题始终如影随形，对我的一切都产生了负面影响，包括事业、信心、各种人际关系，我的婚姻也几乎断送在这个问题上！

但我每天都会默默地想："我永远是自由的。无论此刻的故事如何，它都可以重新书写。我就是活生生的案例！"

现在，我有了新的食物故事，这是我亲手一页页写下来的。在这个故事中，我敞开心扉，接纳食物与自己的身体；我与家人在厨房中加深感情——我的两个儿子非常喜欢烹饪；我与丈夫去最喜欢的餐厅共进晚餐；无数女性受到启发，也开始抽丝剥茧，梳理她们的食物故事。今天，在我的食物故事中，主题不再是焦虑，而是接纳、感恩、关爱与开心！

对于大多数人而言，只有找出自己的食物故事并理清它的头绪，才会意识到它对我们生活的影响有多么深刻。

改变你的食物故事

薇薇因为两个女儿联系我，向我咨询烹饪课的事宜。她希望她们能树立起健康的自我形象，她知道这个问题的根源在于她们与食物的关系是否和谐，以及她们与自己身体的关系是否和谐，但她只知其一，不知其二。由于薇薇自己存在饮食问题，她不再是孩子们的好榜样：孩子们会看她如何选择食物、如何谈论食物、如何对待食物，然后模仿她。"当你问我的食物故事时，我才开始考虑，自己多年来反复节食的经历及当前的饮食习惯可能会影响我的女儿。"她对我说。

因为，一方面，如果你的食物故事是负面的，那么它不仅会拖累你的整个生活，而且还会渗透到你家人的生活中。你的饮食观念会扰乱你的正常思维，让你心事重重。你似乎无法停止暴饮暴食，你感到不由自主。对自己的饮食习惯，你也许感到羞愧。为家人准备饭菜时，你也许感到乏味，完全打不起精神。一想到食物，你就感到苦恼、无力，它不但没有补充你的精力，反而消耗你的精力。这股负面力量慢慢地渗透到你的各种关系中、事业中、你养育子女的方式中。

另一方面，如果你的食物故事是正面的，那么生活会变得事事轻松。选购食材时，你会感到精神饱满；烹饪时，你会感到身心放松；搭配饭菜时，你会感到简单轻松；进餐时，你会感觉身心被滋养并乐在其中。以前，在劳累一天后，你会通过暴饮暴食来放松身心，但现在，这种让你无奈的习惯会慢慢地被淡忘。食物问题不再肆意支配你的生活。你对自己的身体状态很满意。你没来由地"自我感觉良好"。如果你与食物的关系充满了欢乐，那么在你及身边人的眼中，生活会变得焕然一新。

现在你已经知道，你确实有一个食物故事，也逐渐意识到它的存在，那么接下来，为了改变它你就要迈出下一步：认清当前你与食物的故事，即那个每天在你的脑海中转来转去的故事，也许你都没有意识到，在你的脑海中，居然有这样一个故事。

你与食物的故事

当你审视自己的生活时，可曾注意到某种规律，它不断重复、令人沮丧？你是否日复一日地对自己讲着一个让自己意志消沉的负面故事？

也许你在反复念叨一个关于个人经济状况的老套故事："一提到钱的问题，我就糊里糊涂的，一直都是这样。"

或者关于时间的故事："无论什么事，我总是晚一步。我就是这个样子！"

或者关于工作的故事："我可不能请假。如果我不在，业务就乱套了。"

或者关于择偶的故事："我的周围已经没有合适的人选了，条件好的都已经结婚了！"

或者关于食物的、让自己气馁的老套故事，如"对于食物，我完全没有自制力""对于食物，我一直很纠结，而且未来大概会继续纠结""我知道应该吃什么，但从来做不到""健康食物不好吃，我提不起兴趣！后半生我可不想像兔子一样，只吃生芹菜和羽衣甘蓝"。

每个人的脑海中都会出现许多故事，其中一些能增强我们的内心力量，帮助我们健康成长；但另一些却相反，这些故事会让我们感到完全陷入困境，不能自拔。我们时常无意识地对自己重复讲述一些故事，于是这些故事便深深地融入我们的内心，这是一个自然而然的过程。这些故事仿佛一首背景音乐，每天 24 小时、每周 7 天在我们的脑海中循环播放，引导我们的日常行动。

一旦你意识到你在对自己讲述某一个故事，那么你就可以认清自己当前的故事。同时，如果这个故事给你带来饮食上的压力、让你对自己的身体状态感到不满、使你想改变现状却心有余而力不足，那么你可以改变这个故事。

你与自己的心理进行对话和讲故事，会直接影响你的身心健康与生活质量。它可以影响你的情绪，进而改变你一天的生活。这不是我的个人假设，而是有科学依据的。

话语与故事背后的科学依据

众多研究证实，话语直接影响你身心健康的各个方面。

- 话语影响生理功能，即人体功能的运转，包括代谢功能和消化功能；
- 话语影响认知功能，即聚精会神、认真思考的能力；
- 话语影响情绪，即你对生活事件的感受及处理紧张情境的反应；
- 话语影响表现，即你完成任务的出色程度，如回复邮件与计划一周的晚餐等。

你与自己的心理进行对话，对你能否成功会产生很大的影响。研究者对于话语与心态之间的相关性进行研究后发现，如果运动员以正面、增强内心力量的方式与自己交流，如"你训练很刻苦，你有资格获胜""你有实力，你非常强""你已经准备好了"，那么他们的赛场表现比没做过这些自我对话的运动员明显要好。鼓励性话语使运动员跑得更快，扣篮更多，获得更多奖杯、奖牌等全方位的胜利。

当然，你的措辞是关键。研究者发现，如果歌手即将上台时，简单说一句"我很兴奋"，那么他们的表现会更加出色，音调更加准确。然而，如果歌手说

"我很紧张"，那么他们的表现会逊色得多。这再次证明，与自己的心理进行对话会直接影响一天的生活！

我们吸收的话语同样重要。磁共振成像检测显示，个体听到自己喜欢的、提升心情的歌曲时，或者读到一句感人的经典对白或一首优美的诗歌时，大脑的某些区域会因个体感到欣喜而发亮。正面的话语仿佛一剂没有副作用的良药。

我们坚信，积极的话语可以改善我们的生活。对自己的心理讲一个故事、增强内心的力量，那么这些神奇的话语就会为你迎来健康、快乐、成功的一天。

当然，如果反过来做，同样有影响。

正面的话语有益，负面的话语则有害。研究证实，童年时期受到言语伤害会改变个体的大脑结构，给胼胝体留下持久的痕迹。因此，俗语说"恶语伤人"是正确的。话语可以造成伤害，而且确实会造成伤害。负面话语是语言暴力，可以给人的大脑留下伤痕。这种伤害可以被治愈，但需要做大量的工作。

正因为此，你更应当小心翼翼地与自己的心理对话，你的话语要有目的性，而且应当经过深思熟虑。你说的每一个字，无论是说出口的，还是说于内心的，都会留下印记，这个印记也许有益，也许有害。

你说的每个字不但逃不过你的心理，而且也逃不过你的生理。你的身体自始至终都在倾听，它会注意你说的每一句话。如果你对自己说"我在饮食方面很差劲"，那么你的身体就会听到这个认输的故事，从而做出相应的反应；相反，如果你对自己说"我特别喜欢呵护自己"，那么你的身体也会听到这个自爱的故事。

那么，你对自己日复一日地说哪类话语呢？关于食物、健康、体重、身体，你不断地对自己讲述的故事主要是什么样的？它是增强还是削弱你的内心力量？它是辅佐你过上向往的生活，还是阻挡你前进的步伐？

我的很多学员从未停下来认真思考一些问题："当前，我的食物故事是什么？它是什么样子的？我一遍遍地对自己说的话语是什么？"如果你从未认真思考这些问题，那么不妨现在思考一下。

8 个削弱内心力量的食物故事

在工作中,我接触过数千名学员、工作坊参与者、网络社区中的女性及我的亲朋好友,在与他们交流的过程中我发现,许多人都或多或少地遇到过削弱自己内心力量的食物故事并在其中苦苦地挣扎。下面的故事不仅仅是 8 个负面的食物故事,它们还代表着从青春期至古稀之年各个年龄段的人都会经历的最普遍的故事主题。

在读下面的故事时,你可以思考:"这些故事是否似曾相识?其中的情境与话语是否很像我的想法或对自己说的话语?"也许你会发现,你会与其中至少一个故事产生共鸣。

只有在你与自己的对话中认清那些削弱内心力量的、无益的食物故事,你才能改变它,让它鼓舞你、支持你。

1. 追求完美的故事

同类主题:刻板僵化、紧张压力、约束控制、非黑即白的思维方式,要么花团锦簇,要么百花凋敝。

我的学员劳伦曾经将食物分为两类:有营养和没有营养。当她吃下羽衣甘蓝、藜麦、有机扁桃仁等她自认为"有营养"的食物时,她感到自己脱离了低级趣味,并为之骄傲。当她背离了硬性的饮食原则,吃了薯片、巧克力、饼干等她自认为"没有营养"的食物时,她会鄙视自己并感到苦恼。在劳伦的眼中,没有灰色地带,自己要么高尚,要么低俗。她给自己制定的标准过于苛刻和不现实,任何人都不可能实现。

如果她在饮食上没有做到完美,就会感到自己是一个可悲的废物。于是,她的生活渐渐地进入了过度克制与过度放纵的循环,不是在一个极端,就是在另一个极端。每个周日的晚上,她都会赌咒并发誓:"明天,我一定要从头开始。从周一开始,我一定要坚持。下周我一定会做到!"

但是，如果你的计划是"不现实的完美目标"，那怎么会实现呢？

在你的头脑中，追求完美的故事往往是这样的：

"我必须坚持，否则我就会感到沮丧、变胖、不健康、一团糟。"

"我应当更自律。"

"我的意志力应当再坚强一些。"

"完了，这下完了。下周一再努力吧。"

2. 感到羞愧的故事

> 同类主题：内疚、厌恶、躲藏、偷偷摸摸。

纳迪娅进入青春期后，她的父亲面对女儿发生的变化，没有妥善地应对。随着女儿的身体逐渐发育，他的话语也开始伤害女儿的自尊。他一再要求女儿把她的胸部"遮掩好"，而且言语间暗示，她的身材太过丰满，应该减肥。那时，纳迪娅只有 14 岁，父亲的话深深地刺痛了她的心。

于是，纳迪娅开始因为食物感到内疚，并由此养成一个习惯——偷偷地将食物从厨房拿到自己的卧室，以防在吃东西时被父亲看见。

多年之后，纳迪娅已经是成年女性，但内疚的故事仍然如影随形。在无意识的情况下，她时常在吃东西方面偷偷摸摸的——她的工位上总是藏有糖块儿，汽车仪表盘储物箱内总是塞满了零食，而且她对某些食物总是遮遮掩掩。她很少体会到吃东西是滋养身心、令人愉快的体验。在她的眼中，食物总是笼罩着一层羞愧感。

在你的头脑中，感到羞愧的故事往往是这样的：

"如果大家发现我在吃东西，他们会厌恶我。"

"如果别人看到我的真实面目，他们会吓坏的。"

"我真的不能再颓废下去了。我太让人讨厌了。"

"我的这段过去不能让任何人知道。"

"我为自己感到羞愧。"

"吃饭时我总是感到焦虑，不知道是什么原因。"

"我不喜欢在公共场合吃喝，我喜欢在私下里独自吃喝。"

3. 感到困惑的故事

> 同类主题：信息过量、思考过度、分析过细、焦躁、忧虑。

在第一次培训课上，罗可珊就哭了。

"我把食物营养类书籍都读遍了。我试过很多不同的饮食理念。我试过素食、纯素食、生食、无麸质食物、生酮饮食，等等，数不胜数，可是没有一种理念对我有效，我还是这么胖，还是感到不在状态。我真想不通，为什么这个问题让我这么为难。"

对罗可珊而言，食物带来的是伤心与困惑。即便是逛超市、做晚餐等相对简单的事情，也会让她感到力不从心、精力透支。

在你的头脑中，感到困惑的故事往往是这样的：

"我这么精明，工作这么出色，又教子有方，在很多方面都是行家里手。可为什么偏偏饮食问题让我这么为难？为什么我就是弄不明白呢？"

"我究竟该不该计算食物的卡路里、碳水化合物和脂肪含量呢？该不该间歇性断食呢？断食几个小时？媒体上的各种建议铺天盖地，我不知道如何辨别真伪。"

"我想，对一些人而言，吃东西是件轻松快乐的事情，但我不是这些人之一。对我而言，吃东西从来没有轻松过。"

"我不想再为饮食问题而抓狂了。真希望这个问题能够简单些。"

"我感觉自己大脑75%的空间为饮食问题而焦虑，琢磨饮食问题，担心饮食问题。能吃什么、不能吃什么，我总在猜来猜去，简直到了苦心孤诣的地步。我太累了。"

4. 寻求解脱的故事

> 同类主题：麻木、安抚、给自己开药方、回报、回避。

艾伦有 3 个孩子，而且平时工作强度较大，她的丈夫又很少分担家务，所以她的生活中没有闲余时间，生活的担子很重。每天早上，她要在 6 点起床，为孩子们上学做准备；随后，她赶到公司，一头扎进办公室，忙碌一整天；然后，她要等孩子们乘校车回家；孩子们到家后，她要立即进入母亲的角色，指导孩子们做功课、准备晚餐、打扫厨房、把洗好的衣服收起来、为孩子们读睡前故事。她的职责一项一项地接踵而至，使她疲于应对。她很少有机会停下来喘口气并缓解绷紧的神经。一天中的任务一项接着一项，没有空隙。她逃不出这个紧密的包围圈，但她有一个短暂的解脱办法。

这个办法就是每天下午五点艾伦会喝一杯葡萄酒，有时会喝两杯甚至更多，从无例外。"我必须喝一杯。"她对我说，语气坚定。对她而言，这是一整天中仅有的轻松惬意的一刻。

面对生活的压力，许多人往往会从食物、酒精中寻求解脱。你可能会在食物或酒精中麻痹自己、安抚自己疲惫且烦躁的神经、找寻另一片时空，或者徜徉在舒适与怀旧的情绪中，这不见得是坏事。（适量的）食物和酒精可以带来快乐，也应当如此。然而，如果你过于频繁地从食物和酒精中寻求解脱，或者对你而言，食物和酒精是唯一一种舒缓情绪的方式，那么你的生活品质可能会受到影响。

在你的头脑中，寻求解脱的故事往往是这样的：

"今天太累了。我得吃一块巧克力蛋糕犒劳自己。"

"今天的工作让我的头痛死了。家里还有冰激凌吗？要是能吃一大勺就好了，三大勺更好，一整盒最好。"

"生活真没意思。那些人也没意思。什么都没意思。只有酒能陪着我。"

"有时，我觉得一天中唯一能让我开心的就是吃东西。"

"劳累一天后，我会一头扎进厨房（倒一杯酒、吃一些零食），仿佛得了强迫症。有时，我感到不由自主。"

5. 永不满足的故事

> 同类主题：攀比与绝望、自我鄙视、自卑、感到自己不值得他人关爱、感到缺乏胜任力。

安妮卡在一家健身馆办了会员，去过两次后就不再去了。我试探性地询问原因时，她对我说，她没有时间去，但当我们更加深入地交谈后，我发现了真实的原因。

"我之所以不想去，是因为在整个健身馆里我的身材最难看。馆里其他人的身材都非常匀称。那里让我感到抑郁，所以就不去了。"

这就是攀比的后果。据说，美国前总统罗斯福曾说，"攀比偷走了我们的快乐。"

你与他人攀比事业、收入、房产、汽车、婚姻、皮肤或体格时，也许会感到自卑。他们看上去那么光鲜亮丽，让人艳羡，仿佛你永远赶不上他们、永远比不了他们、永远不如他们优秀。

我们在生活的各个方面都可能产生攀比心理，包括食物。也许你关注了社交平台上的某个网红，她源源不断地晒出靓照、展示各类积极形象——在沙滩上一跃而起、在公园里做瑜伽、与无比英俊的异性伴侣手挽手并抚摸可爱的小狗，当然，还有在阳光下品尝色香味俱全、营养丰富的超级食物"五谷杂粮饭"与一杯冷榨果蔬汁。当你将自己的真实生活与如此完美无瑕的网红生活做比较时，你会感到自己仿佛是无家可归、露宿街头的丑八怪。这个比方也许有些夸张，但非常传神！

在你的头脑中，永不满足的故事往往是这样的：

"真希望能像 ×××（他人的名字）一样。"

"我再努力也赶不上×××（他人的名字）。"

"有些人总能左右逢源、面面俱到，但我不行。我从来都不行。"

"在饮食问题上，我遭受的挫折太多了。别人能做到，可我就是不行。"

6. 千钧重压的故事

> 同类主题：精疲力竭、职业倦怠、疲惫、忙碌、制约。

那是米娅一生中最难熬的一年。她要与丈夫离婚，调解过程痛苦不堪；她要卖掉老房子，搬入新家；她还要照料家中患病的老人，真可谓屋漏偏逢连夜雨。然而，她凭着一股劲儿，尽力跨过每一道坎。她想要做一个坚强的人，不被生活打垮，可她真的精疲力竭了。

"我感觉我快坚持不下去了，"她对我说，"要做的事情一件接一件，永远看不到头。每天醒来我总是感到很疲惫。大部分时间里，我都被压得喘不过气来。"

这种千钧重压的感受渗透到她生活的各个方面，包括饮食。

"我连去超市的时间都没有，"她解释说，"夜里饿得不行，只能点外卖吃。虽然谈不上如意，但是……又能怎样呢？"

她从来没有时间计划一周的食物，从来没有时间做饭、参加普拉提健身班、坐下来静思，从来没有时间休息一天、过一个真正的周末，至于旅行度假更是奢望了。

当生活在千钧重压之下时，许多女性开始想，"哪有时间做健康饭菜、关爱自己？哪有时间参加瑜伽课或者洗泡泡浴？完全不现实。反正我忙得发疯，没有时间。"

在你的头脑中，千钧重压的故事往往是这样的：

"我从来没有时间想一想自己。我确实希望多关心自己，但我没有时间。"

"我已经焦头烂额了。永远有一些事情我想做但无法去做。"

"我忙得不可开交，连喘口气的时间都没有。"

"我总是忙得团团转。我的生活就是一个字——忙，这就是现实。"

7. 改日再说的故事

> **同类主题：推迟、延迟、拖延、不配体验美好的事物。**

对安吉拉而言，在她达到"理想体重"之前，生活一直处于停滞状态。她想再次谈恋爱、旅行、跳槽，但她认为"时机未到"，即便是一些让自己开心的小事情，比如换掉那些早已不合身的、过时的衣服，也不行。

"什么时候减掉 5 千克，我就添一些新衣服。"安吉拉对我说。

"为什么非要等到那时呢？"我问，"为什么现在不行？"

为何不能买一些符合你当前身材的衣服？为何不能让当下的自己舒适、开心、美丽、幸福，为什么非要等到遥遥无期的未来？

当你对自己讲述这类故事时，你对自己传达的信息是，"我不配享受美好的事物、快乐、幸福。我不配感到心满意足。我不配得到他人的善待，也不配得到自己的善待。反正现在不行，也许以后吧。"

你会对一个孩子传达这样的信息吗？你是否会对你的女儿说，"以后吧……也许以后再抱抱你"，或者"先改变你的体型，然后我也许可以给你买一件新衣服"，或者"再等几个月吧，那时也许可以让你去户外玩。反正现在不行。以后吧"。你可能永远不会对一个孩子或朋友这样说，然而许多人每天都在对自己这样说。

在你的头脑中，改日再说的故事往往是这样的：

"等孩子们上了大学、生活轻松下来后，我就可以真正地关心自己的需求和健康了。"

"等暑假结束后，我就制订一套健康的饮食和锻炼计划。"

"等我能穿上紧身牛仔裤，我就把旧衣服统统换掉。"

"等工作安顿下来，我就重新开始做健康的饭菜。都是因为最近太忙了，很快我就会回归正常了。"

"等我完全弄明白食物与营养的全部问题后，我就重新开始约会。"

"我当然想带家人去佛罗里达度假。不过我要先减肥，什么时候能穿比基尼了，我就什么时候订机票，算是犒劳自己。"

8. 感到绝望的故事

> 同类主题：无望、无奈、挫败。

科琳娜向我咨询时已经接近花甲之年。之前，她曾减掉 10 千克的体重，而后又反弹了，然后她再减，之后又反弹了，就这样，她的体重上下波动了 20 次。她的一生都在与食物做斗争。为了修复自己与食物的关系，她尝试过所有方法：读相关图书、参加讨论会、接受治疗、接受催眠。有时，一些方法奏效了，但都仅仅持续一段时间，而后又不知不觉地恢复了旧习惯。

"我是快 60 岁的人了，但现在还在为食物纠结，唉。我原以为，人到了这个年纪，这些问题就会迎刃而解。我没有预料到自己一把年纪了，居然会走到今天这步田地。"

对于食物，科琳娜想感到轻松，而不是感到有压力。如她所说，她想"像一个正常人一样"做饭、吃饭、享受食物带来的快乐，但挣扎多年之后，她仍在原地打转而没有任何明显的进步。她开始失望，认为自己不会变好了。

"以前我很乐观，认为自己可以转变，但最近，我有些怀疑了。也许我就是这样的人。"科琳娜说。

绝望是指"断绝希望、毫无希望"。对自己失望、认为自己没有能力转变是所有故事中最危险的一个。

在你的头脑中，绝望的故事往往是这样的：

"我想做出转变，但从来没有成功过。也许我就是一个软弱的人。"

"我无可救药了。"

"我的意志力再强一些就好了，可惜不行。"

"我总是反复无常。我能做出转变，但坚持不下去。我完了。"

"我的饮食问题太严重了。我从来都是这样，以后很有可能还会这样。"

"以前我遭受过虐待，留下了创伤。我不知道自己还能不能做出转变。"

练习：当前你与食物的故事

你刚刚读过了 8 个削弱内心力量的食物故事，其中哪些与你当前的心境最相似，使你产生了共鸣？请选出来。

1. 追求完美的故事

2. 感到羞愧的故事

3. 感到困惑的故事

4. 寻求解脱的故事

5. 永不满足的故事

6. 千钧重压的故事

7. 改日再说的故事

8. 感到绝望的故事

是否有其他词语更适合描述你当前的食物故事？例如，也许你的故事的主题是愤怒、内疚、背叛、躲藏、疲惫、忙碌、涣散、厌倦、惰性等。

_____

_____

_____

在下文中，我们将继续探讨当前你与食物的关系。请回答以下问题，要畅所欲言，不要有顾虑，这些练习是你的个人私密信息。

食物与执念

想到食物与我的身体时，我感到：

_____

_____

_____

当我感到悲伤、紧张、疲倦时，食物会成为：

_____

_____

_____

每当我无法克制口腹之欲而非要吃甜食、高盐食物、碳水化合物或喝咖啡时，我感到：

_____

_____

_____

说起饮食规矩与营养问题，我想到的是：

_____

_____

_____

我知道自己有几个不太健康的习惯，这几个习惯是：

_____

_____

_____

⬤ 当出现以下情况时，我感到内疚：

_____

_____

_____

⬤ 当出现以下情况时，我感到不由自主：

_____

_____

_____

⬤ 当出现以下情况时，我感到焦虑：

_____

_____

_____

⬤ 如果我做了一件事，我知道这件事对自己没有益处或者会让自己不开心，那么为了辩解，
我会这么想：

_____

_____

_____

⬤ 如果他人问起我的饮食习惯，我通常会说：

_____

_____

_____

食物与执念

○ 此刻你还想起哪些事情，请在这里补充：

_____

_____

_____

新的方向

完成这个练习也许并不轻松，但是你成功了！我希望你认识到，为了认清并改变自己的食物故事，你已经取得了巨大的进步。

接下来，放松精神，做几次深呼吸。要知道，你已经把握住美好的未来。

在下面的内容中，你将通过上述练习给你的启迪深入探究自己的食物故事，从而找出隐藏在故事背后的食物执念，正是这些执念塑造了你的食物故事。下一步，为了重新书写你的食物故事，进而减轻食物带来的压力，让自己感到更轻松、更快乐，你需要摒弃一些执念，同时接纳增强内心力量的新观念。

起初，你接纳这些新观念的速度会比较慢。但这个过程仿佛雪球滚下山，只会越来越快，你终将发觉，新的食物故事在你的思想中越发活跃，你自然而然地就会养成新习惯，食物也不再会引发焦虑、担忧、不安。

故事是可以重新书写的，并且从来都是如此，而且任何时候都不晚。你可以随时为厨房添置新厨具，随时为计算机更新操作系统，自然也可以随时翻新脑海中的食物故事。

你对食物的执念

你是否做过这样的事：在二手商店淘到一件品质不错的家具，回到家后，为了让它旧貌换新颜，便急不可耐地为它刷上一层新漆？大错特错！坑坑洼洼、疙疙瘩瘩的漆皮会让这件好家具的面貌大打折扣，而且短短几天后漆皮就会开始脱落、变得斑驳。因此，要想让这件宝贝经得起时间的考验，首先要做表面处理并打底漆。为了重新书写食物故事，这个道理同样适用。认清你对自己不断重复哪些故事，无论是追求完美的故事、感到羞愧的故事、感到困惑的故事还是千钧重压的故事，都只是第一步。为了让新故事站住脚，你需要挖掘旧故事的根源，也就是旧故事的成因。追根刨底后你会发现，有一些执念在束缚自己。

执念的束缚是指我们对自身及食物持有一些负面认识，这些负面认识支配着我们的行为，并成为自我伤害与食物故事的基底；同时，我们逐渐形成不良习惯并发展为饮食障碍，不断感到沮丧、焦虑、无助。因此，当你破除执念的束缚后，就能重新塑造自己对待食物的思考和行为方式。

尽管在你的一生中，你的食物故事都在不断地变换并展现出新面貌，但你很有可能从未停下脚步探究自己的执念。如果这是你第一次探究自己对食物的执念，那么不要沮丧，大多数人都从未探究过自己对食物的执念。

首先，你要弄清哪些执念在束缚你，然后才能想办法改变。那么，让我们怀着追求真相的态度，只论事实、不做评判，一起探究你对食物的执念。

每个人都受食物执念的束缚

我们可能长期受某些执念的束缚，有时甚至从童年就开始了。无论你是否意识到，这些执念已经在你的脑海中形成指导方针，指导你做出有益或有害的日常行为。

孩提时代，父母就教导我要把碗中的饭菜吃干净，因为"这个世界上还有千千万万的儿童在忍饥挨饿"。那时，在我家的餐桌上，这是一句耳熟能详的教诲，我日复一日地听着。父母的初衷是善意的，但他们没有想到，他们的话在我的头脑中形成了一个执念，多年以后，这个执念仍然回荡在我的脑海中。每次当我没有吃完碗中最后一口饭菜时，都会想到浪费是可耻的，并为此感到内疚。于是，为了心安，无论是否已经吃饱，我都会吃光碗里的饭菜。

食物与执念

我曾在谈话中、社交媒体上以及与学员的交流中分享过这段故事，我发现，有许多人和我一样，都是听着"把碗中的饭菜吃干净"这句教诲长大成人的。直至今日，我的丈夫仍然不愿意剩饭剩菜，因为他的前半生也在接受同样的教诲！

如果你没有吃饱，那么你当然可以吃光碗中的饭菜。然而，当你暴饮暴食的原因是你认为自己要在任何情况下都必须把碗中的饭菜吃干净时，那么你与你的身体发出的真实的饥饿信号之间就脱节了。这种执念的束缚不仅使你感到胃里难受，而且还会让你在心理上感到挫败，或者因为你缺乏主导感与意志力而在心中产生一系列负面效应，或者使你不得不惩罚自己和通过锻炼消耗掉过量的食物，最终你发现自己陷入了一个恶性循环，而所有这些后果的起因都是一个不再适用的执念！

即便你的父母未曾教导你把碗中的饭菜吃干净，你仍然有自己对食物的执念，并受其中一些执念的束缚。每个人都如此！

也许这些执念看似无甚出奇之处，但它们的影响却是深入人心的。你甚至意识不到，这些执念会如何表现出来。其实，它们可以在你生活的各个方面表现出来，甚至左右你的行为。

这些执念的生命力是顽强的、持久的，心理学家称之为"执念的韧性"，即个体往往会忽视与其执念相悖的信息，同时重视使其执念增强的信息，即便这些执念对个体没有益处，也是如此！

以下是一些常常会束缚我们的饮食执念。

"卡路里的摄入量与消耗量是最重要的问题。"

"我的意志力要是再坚强一些就好了，那样我就能克制自己的口腹之欲了。"

"低脂食物 = 体脂低。"

"为了健康，我必须管住自己的嘴。"

"什么时候拥有了心目中的身材，我才会幸福。"

"世上肯定有一套完美的饮食方案，我要遵照执行，而且丝毫不能打折扣。"

"碳水化合物是我的大敌！"

"健康的食物都是清淡乏味的。"

"减肥很难。"

"面对食物，尤其是让人'堕落'的甜点，我信不过自己，因为我总是吃很多。"

"我的身体的代谢功能比较差。"

"家里的每个人都很胖，所以，我也一定会很胖。"

"如果食物中含有脂肪，那么我就会变胖。"

"做饭太费时了，我哪有时间。"

"食物问题太复杂了。我从来都弄不清该吃什么、不该吃什么，所以我总是选错食物。"

摒弃自责的习惯

如果你受一些执念的束缚，那么我想告诉你：这不是你的错。一个人受一些执念的束缚，不代表他有问题。你只是形成了一些惯性思维模式而已，你并不软弱，更不糊涂。同时，你并不是生来就受这些执念的束缚。

你大脑中的执念是在多种外部因素的影响下形成的，这些外部因素不仅包括你的父母、老师、朋友，而且还包括你所在的社区、互联网、媒体及饮食文化。你有生以来的各种经历共同形成了这些执念并束缚着你。为这些外部因素的影响而责备自己会产生两种后果：第一，这些外部因素将更加从容地替你书写你的食物故事；第二，你也许已经猜到了，这本身就是一种负面的思想。

令人欣慰的是，你可以改变自己的执念。无论你的执念因何而起，也无论这些执念是如何形成的，你都可以在今天、此刻改变它们！

改变执念

你不仅可以摒弃老套的执念，而且还可以接纳新的饮食观念。为什么？因为你掌握着主动权。你是自己故事的作者，有权随时重新认识事物，而且永远都不算晚！在你的前半生中，是否有这样的经历：你曾经笃定地相信一件事，但后来你改变了自己的看法，连你自己也感到惊讶？

例如，也许你和心上人分手后心灰意冷，认为分手是因为自己。你会想，"我配不上他"。然而，经过一段时间的沉淀与反思，你心中的伤口愈合了，你认识到，"其实，我这么好，一定会有一份美好的爱情在等着我"。有了新的观念，也就有了令人激动的未来。

人类的非凡能力之一就是，我们可以改变自己的执念，而且我们的执念本来就会改变。以前你经历过这种改变，今后你一定会再次经历这种改变。

如果你对生活某一方面的执念改变过，那么你对食物的执念也一定能改变。人的大脑具有高度可塑性，能够在任何年龄段调整自我以适应环境，神经可塑性这门科学证实了这一点。它揭示出我们的大脑完全不是一成不变的，每天它都能在神经元（脑细胞）之间搭建新的神经通路。我们可以重新搭建大脑的神经通路，重新塑造自己。新的观念仿佛花园中的一粒种子，可以生根、发芽。做出改变，是可行的！

练习：当前你对食物的执念

接下来，我们要找出你对食物的执念。找出哪些执念在束缚你，也就找出了你无法进步的根源，那时你就可以敞开心扉，摒弃不再适合你的执念。

在探究当前的执念时，通过下面的练习来回忆当前的食物故事带给你的感受。注意你在描述当前的食物故事以及你与食物的关系时使用的形容词，这些形容词能够帮你了解哪些执念束缚着你，影响你的状态。

◯ 当前你对食物的执念是什么?

　　在束缚你的各种执念中,哪些让你感受特别强烈、需要你时常面对,将这些执念写下来。参考前文所列的常常会束缚我们的饮食执念来打开思路。

_____

_____

_____

◯ 你会如何描述当前自己与食物的关系?

　　你是否因为食物而感受到压力、有控制欲、状态捉摸不定?也许有时你感到自信、轻松,但有时又感到焦虑?用几句话概括食物给你带来的状态。

_____

_____

_____

◯ 你希望通过食物获得哪些状态?

　　你希望变得从容镇定、自由奔放、没有压力、充满信心、内心被滋养、轻松惬意,还是其他什么状态?写下你希望获得的状态。(在后文中我们将深入探讨这个话题,你将习得一些策略来接近你心目中的状态!)

_____

_____

_____

◯ 你的执念是否出现过明显的改变?

　　简单描述你的执念出现改变时的情况,这些改变也许出现在爱情、友情、亲情、养育子女、金钱、工作或生活的其他方面。分别说明执念在改变前与改变后的样子。

_____

_____

_____

🌑 你是否有其他心得或感想？

到目前为止，你是否产生了其他认识或想法？还有哪些事情你想要记住？一并写下来。

_____

_____

_____

刨根问底

要牢记：执念是可以改变的。也许你曾坚信一件事情，但后来发现，"咦，这件事并不像我原先想的那样"。这种情况很正常。现在你已经认清哪些执念塑造了你当前的食物故事，因此你可以破除这些执念的束缚，同时树立新观念。这是我们在本书中自始至终的任务，但我发现，我们时常对原有的执念造成的羞愧感无法释怀，从而难以破除这些执念的束缚。

虽然我们已经懂得束缚我们的执念是外部因素形成的，持有这些执念并不是我们自身的过错，但我们仍然会自责。于是，我们自缚手脚，无法按意愿做出改变。

该如何解决这个问题呢？我们应当回忆往事，看看这些束缚我们的执念是如何在脑海中生根的。在接下来的内容中，你会发现，理解了这些执念的由来，也就揭开了你当前的食物故事的最后一片面纱，也就摒除了你的一切羞愧感或难为情，也就为你扫清了障碍，使你能够翻开新的篇章、书写新的故事。

执念的由来

"如果我会魔法，能实现一个愿望，那么我一定会改变与食物之间的消极关系。"

纳迪娅第一次咨询时这样对我说道，她语气倦怠、神情焦躁（在前文中我们简单介绍过她）。她似乎无法沉稳地坐着，也无法坦然地面对自己。似乎在很长一段时间里，她都缺少内心力量与主导感。她对我说，她的饮食行为给她带来了压力；稍有不顺心的事，她就会从冰激凌和炸薯条中寻求安慰；情绪化进食让她厌恶自己；她的大脑不停地思索如何理清自己的饮食问题，这一切都使她疲惫不堪。

纳迪娅追求"干净饮食"，坚持食用营养均衡的饭菜，其中多为未加工的食物，但当她感到有压力或者不顺心时，就立刻通过大吃大喝麻木自己，而且事后感到内疚。她会对自己说，自己没有管住嘴；然后，她会再憋足一口气：现在应当好好表现。她受到"感到焦虑时，我忍不住食物的诱惑"这一执念的束缚，从一个极端冲向另一个极端，如此循环往复。改变自己的行为、恢复理智是她莫大的心愿。这就意味着要破除这一执念的束缚。

你最想破除哪种执念的束缚

我们之所以有饮食问题、表现出自讨苦吃的行为，究其根源，是因为我们受到执念的束缚。在前面的练习中，你已经挖掘出在你的食物故事背后是哪些执念在束缚你。那么，假如你会魔法，你最想破除哪种执念的束缚？换句话说，此刻你最不能容忍的进食障碍的背后是哪种执念在作祟？

也许，你最想破除的执念是"世上肯定有一套完美的饮食方案，我要遵照执行，而且丝毫不能打折扣。"因为在这种执念的驱使下，你以"非黑即白"的方式追求健康：你要么在清肠、排毒、跟随一时的风尚，要么吃掉目光所及的一切食物。

也许，你最想破除的执念是"食物问题太复杂了"，因为"该吃什么、不该吃什么"的问题已经在无声无息中主导了你的生活，你纠结于每一口食物、每一种饮食趋势。食物带来的不是快乐，而是无穷无尽的压力。

也许，你最想破除的执念是"为了健康，我必须管住自己的嘴。"因为在这种观念的驱使下，你要计算各种数据：食物积分与运动积分、卡路里的摄入与消耗。各种数据支配着你的选择。

也许，你最想破除的执念是"我的意志力要是再坚强一些就好了，那样我就能克制自己的口腹之欲了。"因为你总是感到内疚并备受折磨，总在该吃什么、不该吃什么问题上产生挫败感。

也许，你最想破除的执念是"我完全糊涂了！究竟哪种食物适合我呢？"因为你在饮食问题上完全不自信，你把自己内心深处的指挥权拱手交给了某些专家或网红，任由他们支配你该吃什么、不该吃什么。

这些束缚与情境是否似曾相识？也许你受到其他执念的束缚？如果你理不出头绪，请回顾"当前你对食物的执念"练习。当你明确了自己饮食问题背后究竟是哪种执念在作祟时，接下来的问题是"它是何时出现的"。

束缚的由来

你最不能容忍的习惯、行为或障碍，其背后的执念是何时开始束缚你的？它是否与一个特定事件、传统或家庭观念有关？

理解了束缚你的某一执念的由来，你会感到轻松许多："哈，我一直这样，原来症结在这里！"同时，你不会再为过去的事情继续自责。

你受到某一饮食执念的束缚也许是在你刚刚步入成年时，也许是处于青春期时，也许甚至在你只有四五岁时。食物问题由来之久，这可能会让你感到惊讶。

我们在呱呱坠地后的最初几年里，无意识地接纳着周围的一切，其中就包括许多执念的束缚。6 岁之前，我们的大脑还无法实现有意识的活动。我们仿佛一块海绵，接纳着父母、兄弟姐妹和其他家人的世界观，包括他们的饮食执念。那时，我们还没有掌握批判性思维技能，无法对这些执念进行反思和质疑，所以下意识地接纳了这些执念。现在我们已经长大成人，能够重新审视并改变这些执念，所以无论这些执念是如何束缚你的，你都可以改变它们。

对于纳迪娅而言，这些执念形成于青春期，那时她的身体开始发生变化，她的父亲不懂得如何应对，所以对她随口说出了"要注意"这类话语，而且在她盛第二碗饭时流露出厌恶的神情。他对纳迪娅说，因为她吃得太多，所以她的身材太过丰满。最终纳迪娅索性不在父亲面前吃喝了，而是把剩饭剩菜、炸薯条、苏打水等容易隐藏的食物偷偷带进自己的卧室。她开始依赖食物来逃避羞愧感和拒斥感。

在纳迪娅的案例中，她的执念主要在家庭的影响下产生并束缚了她，但在生活中，影响我们的人或事数不胜数，我们往往意识不到他们对我们的影响究竟有多大。下面是一些较为常见的影响因素。

原生家庭

也许在成长的过程中，你的首要照料者，如父母、祖父母或其他监护人，向你传递了一条微乎其微的信息。

我们不但继承了父母的基因，而且还会下意识地继承他们对待食物和自己身体的看法与言行。要知道，我们在 6 岁前基本上只能被动地接纳周围的一切。请诚实回答一个问题：有多少次你在做一件事时猛然发觉，"呀！这不是母亲的做法吗？原来我在模仿母亲的样子。真是没想到。"所以，如果你在食物与身体方面也发现了类似的规律，那么就不足为奇了。

在小时候，你的照料者如何谈论食物？他们对食物有何感受？他们又是如何对待食物的？你在家庭中观察到哪些规律或习惯？你也许记得一些特别的场合、

偷吃零食或减肥节食的往事、与家人一起或独自烹饪的情景。例如，

"我记得那时，每周一的早晨妈妈都会开始一种新的节食计划。"

"有时爸爸会带我出去吃快餐。我们会偷偷吃汉堡包和奶昔。他对我说，不要告诉妈妈。"

"那时，奶奶非常喜欢做饭，她的手艺可棒了！她就是喜欢给我们做饭吃。如果我们不盛第二碗饭，她会不高兴的。"

文化

能够对我们产生巨大影响的不只是家庭环境，整个社会的文化氛围、其他环境（课堂、校园、日托中心、运动队、宿舍）以及社区都会影响我们。周围的人群营造的文化环境可以影响我们对食物的认识、感受与行为。在社会环境（正面和负面）的熏陶下，我们知道了外貌"标准"、食物"标准"、衣着"标准"、行为"标准"，这些"标准"将伴随我们步入成年。

金钱

金钱与食物之间存在紧密的联系，这也许并不明显。你的家庭经济条件会在一定程度上塑造你对食物的执念并束缚你。家庭经济困难、食物短缺的人与食物之间的关系，和食物充足的人与食物之间的关系可能大相径庭。如果你的家庭面临经济压力，那么这种压力会以某种方式反映在你的饮食习惯中，如你吃饭的时间、地点，以及哪些食物是家常便饭、哪些食物又是改善伙食或特殊奖赏，等等。

朋友、老师等重要他人

显而易见，我们敬重的人可能会塑造我们的执念，而这些执念也会束缚我们。我们想要模仿这些人，所以我们时常会有意、无意地采纳他们的观念与习惯，包括他们的饮食习惯与饮食观念。在我们的一生中，尤其在少年时期，对我

们影响最大的莫过于我们的朋友。想一想你在少年时期的好友，他们之中有没有人一直在节食？有没有人患有进食障碍？有没有人与食物之间保持积极的关系？

重大生活事件

你对食物的执念也许在一次重大事件中形成并开始束缚你，如父母离异、与恋人分手、迁往异地生活等。也许你的执念来自往日的某种创伤。当我们听到"创伤"这个词时，想到的往往是一些让我们遭受巨大情感冲击或者让我们极其痛苦的事件，如遭到性侵害、父母关爱缺失或被父母虐待、所爱之人离世、遭遇车祸等。但实际上，只要是触碰到我们内心脆弱之处、让我们无力抵抗的经历，都会给我们造成创伤，而且这些经历可能看上去很不起眼，如冰箱上锁、一个傻乎乎的男孩大大咧咧地说他特别喜欢身材苗条的女孩、一位芭蕾舞老师批评你太胖、姨妈没有给你吃蛋糕等。虽然这些经历似乎算不上重大事件，但在你的食物故事中，它们可能给你带来创伤，使你从食物中寻找慰藉，或者通过克制饮食给自己增加主导感。因此，当你探究束缚的由来时，不应轻易忽略任何一件事。

通过爱去寻觅

在接下来的练习中，你将梳理对食物的记忆，认识食物在你的生活中所起的作用以及你的执念束缚的由来。

注意理解你的执念束缚是如何形成的，以及它如何塑造你的食物故事，但回顾往事时，不应带有批判的眼光，而应保持心中有爱。原谅自己，原谅你的父母等重要他人。纳迪娅对父亲有怨言，而且对自己仍然感到些许羞愧，为了释怀，她给父亲写了一封信。虽然信没有寄出，但让铿锵的心声落在纸上，这个过程至关重要，她可以冲破束缚，做出改变。原谅自己与他人，你也可以做到这一点。

练习：你的执念束缚的由来

追忆往事是一回事，而用笔追忆往事是另一回事。通过下面的练习，你将深入地探究过去，回忆哪些人或事塑造了你的执念并束缚你，从而形成你当前的食物故事。

原生家庭

关于食物与家庭，你能回忆起什么？将脑海中出现的往事写下来。

_____

_____

_____

总体上，你的家庭对你灌输了哪些饮食观念？其中是否有你愿意保留的正面观念？是否有你希望摒弃的负面观念？

_____

_____

_____

文化

描述在成长过程中你所处的文化、环境或社区。然后，描述你周围的人群以及他们对食物的认识、感受与行为。

_____

_____

_____

总体上，你所处的文化对你灌输了哪些饮食观念？其中是否有你愿意保留的正面观念？是否有你希望摒弃的负面观念？

_____

_____

_____

○ 金钱

你能想到哪些有关食物与金钱的往事？把这些往事写下来。

_____

_____

总体上，在你的青少年时期及成年早期，你形成了哪些饮食观念与金钱观念？其中是否有你愿意保留的正面观念？是否有你希望摒弃的负面观念？

_____

_____

_____

○ 朋友、老师等重要他人

总体上，在你的青少年时期及成年早期，你的朋友对你灌输了哪些饮食观念？老师等重要他人又对你灌输了哪些饮食观念？其中是否有你愿意保留的正面观念？是否有你希望摒弃的负面观念？

_____

_____

想一想现在你身边的人，包括同事、老师、朋友及其他对你的生活产生影响的人。当前的社交圈对你灌输了哪些饮食观念？是正面的、负面的，还是二者皆有？

_____

_____

_____

● 重大生活事件

你是否认为重大生活事件与你受到的束缚及你的食物故事之间存在关联？如果是的话，存在何种关联？

_____

_____

_____

取其精华，去其糟粕

改变食物故事并不意味着要全盘否定过去，也不意味着要从零开始。你不需要将往事从回忆中一笔勾销。你可以凭借自己的判断力做出取舍。

也许你记得，在孩提时代，一家人围坐在一起共享节日大餐的场景。你珍惜这些美好的记忆，想要与自己的小家庭延续这个传统。这是多么美好的想法！

也许你记得，父亲曾经酗酒、暴饮暴食，深陷其中难以自拔。你不想在自己的生活中延续这些不良习惯。这个想法同样值得赞赏。

仿佛你是一本书的编辑，你有权决定在当前的食物故事中，哪些情节值得保留、哪些情节应当删除或修改。

滋养身心的、你珍爱的情节，要保留。

其他不能滋养你的情节，你有权决定摒弃。

重新书写食物故事的过程仿佛一场疗愈的旅行，而疗愈始于你对创伤的认识。读过前文后，你已经逐渐认清自己的食物故事背后的执念与束缚，以及这些执念与束缚的由来。现在，你已经做好充分的准备，可以翻开新的篇章，摒弃那些不再有益的故事情节。

第 2 章

卸下思想上的包袱

FOOD

STORY

写下并分享你的食物故事

只有摆脱掉羁绊我们的旧习惯，才能迈步向前，做出有意义、释放心灵的改变。为此，最有力的办法就是将这些习惯写下来。书写的过程就是摒弃的过程。如果你定期写日记，那么你一定了解其中的奥妙！即便从不写日记，你也知道，将待办事项列出来并一一照办，会让事情变得简单轻松，因为一旦这些任务落到纸上，就不再占用你的大脑空间。此外，当思想转变为文字时，似乎会变得更加真实、更容易把握。通过文字不仅可以梳理思路，而且还可以发现一种全新、意料之外的视角来理解我们的经历和感受。书写你当前的食物故事，仿佛抽掉一潭死水，腾出空间接纳一股清流——一个新的故事。此外，当我们把自己的故事分享给他人时，会感到旅途并不孤单。

2012 年，在我攻读饮食心理学认证资格时，按照课程要求，我需要完成若干篇论文，课题是我与食物的关系。之前几年，虽然我一直在为旧故事疗愈、改变自己的认识，但从没有对自己内心的挣扎和困难写下过只言片语，但当我动笔将这些经历与感想全部写下来后，发现往事的真实面目迅速呈现在我的眼前，那些画面清晰而有力。我在实际动手书写时意识到，长久以来，有一个重要问题羁绊着我、使我饱受困扰，那就是我的食物故事是大脑臆想出来的。

那些年我固守着一个错误的执念，认为世上肯定有一套完美的饮食方案，有了这套所谓的完美饮食方案，也就有了完美的身材；而有了完美的身材，也就一定会有持久的幸福。只有将这个故事写下来，我才能认识到，这个深藏心底的执念一直在束缚我的手脚，让我寸步难行。老实说，我甚至感到痛苦，仿佛我一直在屏着呼吸。在背负这种思想包袱的情况下，我无法朝气蓬勃地生活，除非卸掉这个包袱，否则我永远无法释放自己的活力。最终，当我卸掉这个包袱的那一刻，我终于能够喘一口气了。

不久后，不知道哪里来的勇气，我在一家人气颇高的网站上发布了一篇博客，讲述了自己的心得。虽然今天我们都在探讨暴露自己脆弱的一面有哪些益处，但在当时，人们不会在网络上如此公开地谈论自己的内心挣扎。将自己心中的酸楚原原本本地呈现出来，不属于大众话题的范畴。

我记得，我一遍遍地反复读自己的帖子草稿，读了大约 200 遍（又是完美主义在作祟），在最后点击"发布"的那一刻，我的手在颤抖。让我倍感意外的是，我的帖子获得了广泛的肯定！各地的读者很快给我留言说，我的故事引发了他们的共鸣，同时，他们敞开心扉，向我讲述他们的遭遇。我突然认识到，也许这个世上根本没有完美的人，我确实需要悬崖勒马，放弃不切实际的想法，不再追求全面的主导感，因为这根本就是一条死胡同。从那时开始，我将写作与分享作为重要的方式，力图塑造一个持续发展变化的食物故事，我希望你也可以这样做。

写作

为什么非要浪费时间和精力把食物故事写下来呢？简单来说，写作可以为你提供一种新的视角，帮你重新审视自己的经历与一些事情。你会发现，在头脑中思来想去的事情一旦落在纸上，会与其在头脑中的样子多么大相径庭；同时，你可以通过写作梳理自己的认识与见解，而且与思维相比，文字更容易帮你理解自己的认识与见解。如果当初我没有拿出时间把自己的感受与经历写下来，那么我也许永远无法认清在自己的食物故事中，哪些执念束缚着我。写作可以使你放慢步伐、聚精会神地理解往事。

文字的力量不可小觑。文字仿佛我们的呼吸，可以调动我们体内蕴藏的力量。它甚至可以赋予我们以力量！最重要的是，如果你将一件事写下来，那么你极有可能会对这件事做些什么。当你的故事呈现在纸上或屏幕上时，它就有了真正的形态，你会感到自己有责任改变它。

你在写作时，很有可能会挖掘出一些事实，起初你可能会感到难以接受，但这很正常。心平气和地接纳这些感受，不要评判，也无须留恋。这样，你可以从这些感受中深入地了解自己，同时还可以看清哪些执念在搅乱你的思维。记住，你有更重要的任务，你很快就要书写新的食物故事了。

分享你的食物故事

写下食物故事是宣泄情绪的过程。当然，你的食物故事是个人隐私，但如果你能鼓足勇气把故事讲给他人听，那么你将获得更强大的内心力量，并且离转变又近了一步，这是因为如果你将一件藏在心中很久、一直让你羞愧的事吐露出来，如你对食物问题的内心挣扎，那么你会感到仿佛卸掉了千斤重担。羞愧的感受是如此沉重、令人精疲力竭，它束缚着我们，使我们不能舒展，乃至寸步难行。在它的重压之下，我们无法入睡、正常生活和成长。羞愧可以麻痹你，甚至使你意识不到，一股无形的力量正压迫着你，除非有一天你把故事写出来或讲给他人听，才能感到释怀。

虽然向他人明确讲述自己的秘密可能让人不安（老实说，何止是不安，简直是心惊肉跳），但这是一个释怀的好办法。更重要的是，你会感到与自己、他人及身体内部的智慧建立了交流。

我还记得自己第一次鼓足勇气向他人面对面地讲述自己的食物故事时的场景。那是在一次身心健康研讨会上，我面对 150 名观众做主旨演讲。发言前，我做了一次深呼吸，然后坦诚地讲述了我与食物的关系，以及我回顾自己前半生的饮食习惯，获得了哪些心得，对今后的生活又做了哪些调整。我将心声与痛苦一股脑儿地讲了出来，心情久久不能平静。

发言完毕后，会场内一片安静。

"他们是不是认为我发神经了？"我在想。一时间，那些自我质疑、追求完美、对饮食感到内疚的经历又浮现在心中。我刚刚感到释怀和空荡荡的内心顿时又充满了担忧。

一位叫莱拉的女士向我举手示意。她说她不喜欢与丈夫、孩子坐在一起进餐，她不知道这是为什么。她因为不愿与家人一起进餐而感到内疚，多年以来这个问题一直困扰着她，尤其当她想到自己三个年幼的孩子时，更是如此。虽然我们的故事各不相同，但我的故事使她受到启发，她开始反思自己的故事。

突然，她茅塞顿开。她意识到，童年时期家里的进餐氛围之所以不轻松，甚至较为压抑，是因为父亲酗酒，而母亲又对节食着魔。她发现，这条线索虽然蕴含在久远的童年记忆中，但多年之后仍在影响着她的食物故事。理解了它，莱拉也就获得了内心力量，能够揭开自己羞愧心理的面纱和认识自己羞愧心理的真实面目，从而彻底改变自己的故事。

那天，神奇的事情出现了——会场内很多女士都有所顿悟，她们站起来，分享各自食物故事的点点滴滴。我们都认识到，我们并不孤单，我们的内心都在挣扎。我们各自的食物故事之间虽然毫无瓜葛，但它们却都使我们与自己的内心深处建立了情感联结，还使我们每个人之间产生了情感联结。

你不需要站在台上，面对观众。哪怕只和一个人分享你的故事，也可以深深地触动你。有一次，我在一家瑜伽馆里宣讲食物故事，不久后就收到一位男士发来的电子邮件，他说他的妻子娜奥米在瑜伽馆听了我的演讲，"回到家后，她第一次和我讲述了她的食物故事"。结婚 10 年后，他们的关系翻开了新篇章，彼此之间开始探讨各自有关食物的内心挣扎，并相互鼓励、扶持。你不仅可以通过分享来疗愈，而且还可以通过它增进与所爱之人的感情。

无论在哪，在我分享自己的食物故事后，人们都会受到触动并分享自己的故事——无论在各类社交媒体上，还是现场讲座中，都是如此，当场就会见效！

你可以和你爱的人探讨他们的内心挣扎，并告诉他们，你始终会陪伴在他们身边。对你的伴侣、好友、姐妹或其他你在乎的人简单问一句"你在饮食上有什么烦恼吗"，言下之意是，他们不必隐瞒自己的食物故事，也不必为自己的食物故事感到羞愧。

这些话题可能难以启齿，这很正常。多年来，甚至几十年来，我们一直因食物问题和身材问题受到困扰、感到羞愧，但我可以现身说法地告诉你，如果我营造一种环境，可以公开地谈论我与食物之间一塌糊涂、盘根错节的关系，那么我会感到他人没有忽视我，他们在支持我。

那么你应当和谁谈论这个问题呢？你的谈话对象可以是你的伴侣、信得过的朋友、心理治疗师或者让你在心中感到安全的他人。有时，我们可以向一位素未谋面的陌生人敞开心扉，这似乎在意料之外，但又在情理之中，因为在不了解彼此身份的情况下，我们不会感到那么畏惧，你是否曾在飞机上和旁边的旅客意外地聊一些私人话题？我想我们都有过类似的经历！不管你和谁交谈，做一次深呼吸，让你的话语一股脑儿地说出来。我们都值得他人关注、倾听。敞开心扉、讲出你的故事，你就可以释放自己的情绪、排除障碍和体验快乐。

分享故事时的注意事项

1. 使用社交媒体时要慎重。因为你置身于众目睽睽之下，所以将自己的个人信息公之于众时，一定不要勉强。

2. 如果有人对你做出负面评价，不要感到意外。总会有人，甚至许多人对你做出负面评价。只注意那些支持你的人就够了。

3. 选择一个合适的时间和地点。

4. 不要认为随时都可以做倾心交流。与你的倾听者打个招呼，找一个不受打扰的时间段，平静地、聚精会神地交流。

5. 如果你感到紧张，那么就坦诚地表达出来。这很正常！

6. 不要害怕把对方吓跑。无论对方作何反应，你只要分享自己的故事就能获得内心的力量并卸掉自己的包袱。

7. 给你的倾听者一些反应时间。

8. 不要指望倾听者会立即分享他们的感受或给予反馈，也许他们不会分享自己的感受，也不会给予反馈！他们也许需要一些时间消化你说的内容，然后再以他们自己的方式、节奏与你重新交流，当然，他们也有可能不再与你交流。没关系，重点是你被倾听了。

你的故事非常重要

写一写你的食物故事，你就可以从过去中解脱出来。如果我们在焦虑、痛苦时有人陪伴，内心就会获得巨大的力量。我们将故事分享得越多，这类谈话就会变得越平常。如果你担心食物故事不吸引人，或者过于混乱，或者让你感到极其尴尬，那么你应当立即打消这些顾虑。如果你读完本章后有所收获，我希望这份收获是你认识到你的故事非常重要……想一想、写一写、谈一谈你的故事，你心中的创伤就会愈合，我们心中的创伤就会共同愈合。

练习：写下并分享当前你与食物的故事

简要提示：当前你与食物的故事仍然具有故事的基本属性，即它不是一成不变的，而是可塑的。

将你的故事写在纸上

在本书的后文中，你将详尽地写下自己与食物的新故事，它将是一个正面的故事、能够增强你的内心力量，你会迫不及待地想要融入其中，但在这个练习中，请将注意力放在你当下的故事上。

当你在以下练习中按提示填空时，可以通过这段话来调整自己的心态："这是我当前的食物故事，但它不必是我接下来的食物故事。我可以采纳新的观念。我可以学习新的技能。在做饮食与健康方面的决定时，我可以变得积极而不是消极。我的过去属于我，我珍惜我取得的经验、教训。我知道，现在我就可以做出改变。"

也许你在想"我的写作水平不高"，不要担心。以下练习的设计初衷就是为你提供便利，而且你已经完成了这个过程的关键环节。在前面的内容中，你做了深入的自我剖析，认清了食物故事的主题和束缚你的执念，探究了哪些记忆、场合与经历影响了你与食物的关系。如果你记不清了，可以翻看前面的练习帮助自己回忆。

食物与执念

你也可以不参考前文的练习。一个故事没有对错之分，你完全可以信笔写去。我建议你用手写的方式写下自己的故事，因为一些研究表明，与用计算机打字相比，手写能更好地帮你理解并加工故事素材。然而，最终你要听从自己的直觉！其实，优秀的文字只是讲述内心的真情实感。此外，你可以不用填满所有的空；填哪些空和不填哪些空，完全取决于你。

当前我的食物故事

作者：＿＿＿＿＿＿＿＿＿＿＿＿＿

我出生于＿＿＿＿＿＿＿，＿＿＿＿＿＿＿抚养我长大成人。在我的童年时期，我的父母或照料者与食物的关系是＿＿＿＿＿＿＿＿＿＿＿＿＿＿＿。在我成长的过程中，他们会＿＿＿＿＿＿＿＿＿＿＿＿＿＿＿＿＿＿＿，这时常让我感到＿＿＿＿＿＿＿＿＿＿＿＿＿＿＿＿＿＿＿。

在我的童年、青春期与成年早期，有一件有关食物的负面往事是＿＿＿＿＿＿＿＿＿＿＿＿＿＿＿＿＿＿＿＿＿＿。有一件有关食物的正面往事是＿＿＿＿＿＿＿＿＿＿＿＿＿＿＿＿＿＿＿＿＿＿＿＿＿＿＿＿＿＿＿＿。

许多因素共同塑造了当前我对食物的执念，如原生家庭、朋友、老师、文化与经济环境、媒体、代际创伤等。

当前，在饮食方面，我认为或我往往不自觉地想＿＿＿＿＿＿＿＿＿＿＿＿＿＿＿＿＿＿＿＿＿＿＿＿＿＿＿。我知道，其中一些执念可能对我无益，甚至是错误的。

当前，在饮食方面，我时常会做出一些行为，我希望自己能摒弃这些行为，如＿＿＿＿＿＿＿＿＿＿＿＿＿＿＿＿＿＿＿。我知道，我可以改变这些习惯。

总体上，在饮食方面，我感到＿＿＿＿＿＿＿＿＿＿＿＿＿＿＿＿＿＿＿＿＿＿。＿＿＿＿＿＿＿＿＿＿＿＿＿＿＿＿＿＿＿＿＿让我感到厌倦。我不喜欢＿＿＿＿＿＿＿＿＿＿＿＿＿＿＿＿＿＿＿＿＿＿＿＿＿＿。

我为当前的食物故事负责。我知道，能够改变我的故事的人只有一个，那就是我自己。

我有权决定，我的故事中哪些部分应当保留，哪些部分应当改变或摒弃。

我的父母或照料者曾经_____，
现在我原谅他们，因为我知道他们并非想要伤害我。他们当时掌握的知识与资源有限，
他们已经尽力了。

我曾经_____，
现在我原谅自己，因为我也已经尽力了。

我知道，原谅他人与自己是我给自己的一份礼物，它能够使我感到更轻松。原谅他
人与自己也就卸掉了内心的包袱，让我能够更快地做出美好的改变。

在前进的道路上，我迫不及待地想要注重并关爱自己的身体健康，我的身体健康值
得我这样做。我迫不及待地想要与食物、烹饪、我的健康与幸福建立新的关系。

我迫不及待地想要尝试_____

_____。

我迫不及待地想要相信或认为_____

_____。

我迫不及待地想要感受到_____

_____。

与他人分享

要重新书写你的故事，最勇敢、最能带给你内心力量的方法就是在一个你感到最舒
适的氛围下，与他人分享你的故事，可以一对一地分享，可以与几个人一起分享，也可
以在社交媒体上分享。

分享你的故事时，让你感到最舒适的氛围是什么？

_____

_____

_____

为了营造这种氛围，你需要采取哪些步骤？

_____

_____

_____

排除食物杂音的干扰

我永远忘不掉自己第一次跑马拉松的经历，但不是因为一般人所想的原因。

我一连几个月坚持训练，为这场耐力赛做各项准备工作，但有一项准备工作我没有做：我没有根据身体的需要安排饮食。我知道，其他选手会在参赛前补充大量碳水化合物。虽然我在心中对碳水化合物垂涎欲滴，但我要管住自己，不能效仿他们。

我在取得健康教练资格之前，就已经在密切关注健康产业的最前沿信息了。我掌握舆论的最新动态，知道那时的潮流：尽可能少地摄入碳水化合物！当时报纸杂志争相报道这个潮流，我的朋友们也在谈论这个潮流。所有人都在将碳水化合物妖魔化。

那时，我的身体已经发出了一些信号，我本应当根据这些信号参加队友举办的意面聚餐，但我觉得自己是正确的，他们都是错误的，所以没有在意这些信号，而是信心满满地继续坚持我的低碳水化合物饮食计划。

大赛之日如期而至，我按捺不住心中的兴奋。我有自己的啦啦队——我的两个儿子还有丈夫站在路边为我摇旗呐喊。父亲特意乘飞机来为我加油助威，给我带来了惊喜。

砰！随着发令枪一声响，我从起跑线窜了出去，心潮澎湃，脚下有力。出发时，我的势头很猛，速度很快，但很快我就意识到有些不妙。

我感到身体沉重，身体肌肉拉伸过度。我越跑越感到疲劳，而且难以克服。到后来，我干脆不跑了，因为实在跑不动了。我感到头晕目眩，已经达到极限，而且我的身体也没有继续跑下去的能量了。

我隐约记得一只手递给我一块曲奇饼干，我抓起来就吃，最终拖着无力的身躯到达了终点线。能到达终点线已经实属幸运了。我马上认识到，这是因为营养问题，说得再直白些，我的身体缺乏营养！我的饮食没有像其他运动员那样，以运动表现为导向。赛前我没有在意身体发出的信号。我把注意力全部放在了其他事情上，现在我将这些事情称为"食物杂音"。

什么是食物杂音

食物杂音是一个危险的反派角色，因为它无处不在，而且往往难以辨认。它会攫取你的注意力，使你无法倾听身体发出的信号，从而无法得知身体的营养需求。

你是否看过一些广告，宣称新近出现了一种营养极其丰富的"超级食物"（superfood），如果你想要变得健康，就必须立即开始食用它；你是否看过某个纪录片，宣称糖是健康杀手。总之，看了这些宣传后，你会感到自己现在的状态不足以称为健康。这就是食物杂音。

你的脑海中是否有一个声音在回荡？每次你拿起刀叉的时候，或者每次你想到下一顿饭菜的时候，它都会提醒你注意，"要吃这个，不要吃那个"。它指挥你去执行每一条饮食规矩，一旦你打破了规矩，就会为你灌输内疚的感受。这也是食物杂音。

食物杂音是你脑海中的一种声音，它会左右你的决定、影响你的习惯、伤害你的自尊。我们在第 1 章中已经深入探讨了执念的束缚，一些看似根深蒂固的饮食执念塑造了你当前的食物故事。这些执念常常和往事有关，你已经认真回顾过去并挖掘这些执念的由来，从而改变这些执念，但食物杂音就发生在此时此刻，它就发生在当下。表面上，食物杂音似乎无伤大雅——新款超级食物或限时进食的益处即便有些言过其实，但总不会造成什么严重危害吧？是的，它们本身不会造成严重的危害，但如果你的脑海中每天都充斥着食物杂音，那么这些食物杂音就会合并为一股强大的势力，冲垮你的思维，削弱你的内心力量。

阿曼达来向我咨询，因为她知道自己出了问题，而且这个问题越发严重，她感到忍无可忍了。"我只是想把饮食这件事梳理清楚，可越理越乱。"她一脸无奈地对我说。阿曼达是一位事业有成、聪明、认真的律师。她想要通过健康饮食滋养自己的身体，对于自己吃什么、不吃什么，她要充分考虑各方面的因素后再做决定。于是，她拿出了自己的看家本领，对一切进行调查、研究。她收集了一切可以收集的信息。对于每一种食材，她要检索出各种各样的文章、研究结果与专家意见。

这样一来就出问题了，因为信息总是互相矛盾的。

一位德高望重的美食博主说："你应当多吃鱼肉，鱼肉对你非常有益！"但在网上进行搜索后，阿曼达发现一篇文章说"鱼身体内含有汞，对人体有害"。同一种食材，总是有人说它"好"、有人说它"坏"。她越想找到答案，就越糊涂。她开始感到恐慌，不敢碰任何食材了！

阿曼达吸纳了过多的食物杂音，导致她无法保持思路清晰，也无法察觉身体的需求，更无法判断自己究竟需要什么。

食物杂音是不可避免的，它是你日常生活的一部分。它不但来自外部，还来自你的内心。在下文中我们将探讨如何辨别食物杂音。

外部食物杂音的特征

也许你并没有注意到，在一天的各个时间段里，你的生活都会充斥着食物杂音。媒体和你周围的人群利用你的恐惧心理给你灌输各类信息，随处都能见到它们的身影。

- 你常看的杂志刊登了一则广告，称你不应当吃早餐，而应当饮用某种"促进代谢"的排毒养生茶。
- 一名网络达人的饮食是纯素食、生食，无油、无盐，而且完全没有加工糖，已经进行至第 7 天。她提出了一种饮食方案，供网友尝试。
- 一段视频宣扬一种神秘的食材，所有名人都对此津津乐道。
- 社交媒体上一篇文章讲述了一种食材的"奇异功效"，而此前你一直认为这种东西是不能食用的。
- 某部纪录片讲述了动物蛋白对人类健康的弊端，好友或家人看了这部纪录片后，想要说服你和他们一起成为纯素食者。

平均而言，美国人每天要花费 11 个小时接触这样或那样的媒体信息，也就是说，美国人每天有将近一半的时间都在受到各类信息的轮番轰炸。

食物杂音让人感到疲惫不堪也就不足为奇了！

食物杂音的危害不仅在于你会听，而且还在于你会记住它们。每次这类外部杂音响起，对你说你不好、软弱或差劲，你内在的食物杂音的音量就会放大。

内在食物杂音的特征

前半生你吸纳的外部食物杂音存储在你的意识中，然后成为内在食物杂音，而现在，在你的日常生活中，这些内在的食物杂音会伪装成你自身对食物的认识出现在你的脑海中。你知道了"你应该做的事""你不能做的事""你必须做的事"，以及你违反这些规矩时应产生内疚感。

内心的食物杂音可能是这样的：

- 你在心中权衡是否要参加领导的生日聚会，因为你一想到自己不得不吃下一块生日蛋糕就感到心烦意乱，不知道自己要在跑步机上花几个小时才能消耗掉这块蛋糕的热量；
- 午餐后你吃了一块曲奇饼干并为此感到很自责，心中盘算着晚餐只能吃一大盘沙拉，才能与曲奇饼干相抵消；
- 家庭比萨聚餐后，第二天早晨你感到牛仔裤瘦了一圈，心中想到自己要喝一罐清肠果蔬汁了；

- 超市的有机水果卖光了，你感到恐慌，因为一些文章说，普通水果含有毒素，可能会使你长胖。

如果你有一些念头，如"什么时候我减肥成功，就有理由快乐了"或者"既然今晚去餐厅吃饭，我就不吃早餐和午餐了"，那么你就是食物杂音的受害者。

饮食文化是食物杂音的最大来源，所以我们难免会对食物杂音信以为真。想想"完美"身材的形象出现在我们眼前的频率就知道了！研究表明，儿童在 5 岁时就已经开始担心自己的身材了，而且每四个儿童中，就有一个曾在 7 岁前节食。毫不夸张地说，我们一生的时间都处于食物杂音中。

现代饮食文化的影响

控制营养素摄入量、戒糖、制订饮食计划、清肠、排毒，这些是现代人追求身心健康时的措辞。这些措辞让你想到的是"健康"，而不是"节食"，因为现在我们都知道，节食并不奏效，对吗？但事实上，上述行为就是包装后的节食，它们都在换汤不换药地为你灌输陈旧的食物杂音：此刻的你并不健康，所以你与其他人一样，都应当采纳一种"完美"的饮食方式。

品尝一种时尚的超级食物、尝试一种有趣的锻炼方式，这些都是完全正常的行为，甚至可以说体验新事物是学习的唯一方式，否则我们会变得刻板、墨守成规。然而，食物杂音的弊端在于，它让你认为某种新发现或新方法有神奇的功效，或者这种新发现、新方法一定适合你。

我们应当对新的饮食方式或运动方式抱有好奇心，保持开放的心态，尝试它。你可以保留适合自己的部分，忽视其他部分；如果完全没有适合你的部分，那么就撇开它，但你心中知道，这不是因为你不配，而是因为你不会对自己虚情假意。对于你的身体状况，无论是专家还是健康教练、健身教练，都不如你自己了解得多。同时，他们也不了解你的具体情况，包括你的时间安排与价值观等。下午 5 点吃晚餐，然后直至第二天早晨再进食，这样的饮食时间安排也许适合一些人，但如果你的孩子完成课后活动后，晚上 8 点才能到家，你只能在这时与他们一起享受进餐的快乐，那么上述饮食时间安排就不适合你了。

要排除现代饮食文化中食物杂音的干扰，就要保持一份好奇心并常常问自己："我为什么要这样做？这样做是否适合我、是否让我的身体感到舒适？"如果你的行为不符合你的观念、让你的身体感到不适，那么你听到的就是杂音，而不是你的内在智慧。

排除食物杂音干扰的小窍门

1. 少接触有关最新潮流或必备产品的宣传广告。电视里播放广告时，你可以利用这段时间从洗碗机中把洗好的碗碟取出来，或者把要洗的衣服放进洗衣机里，或者把宠物狗从围栏中放出来。如果你感到难以避开社交媒体与杂志上的广告（媒体上的广告总是让人防不胜防），那么你要时常提醒自己"穿衣戴帽，各有所好"。最了解你的只有你自己。

2. 避开涉及食物的闲聊场合。可以请朋友一同徒步旅行，或者一同参加某种培训课程。如果他们提起某种新的节食方法或饮食计划，你可以做好准备巧妙地转移话题，如"看来你很了解这个话题呀。对了，那件事怎么样了（重新提起先前谈过的其他话题）"。

3. 重新书写你内心的食物杂音，与自己同频，从而改变你对食物的心声。

- 避免说"我真的应当多吃一些_____"，而应说"我了解自己，我信任自己，这样做对我有益"。

- 避免说"有文章说，我不应当再吃_____了"，而应说"只要我想吃就可以吃，但我不能隐瞒吃后的感受"。

- 避免说"我不知道应当吃什么，饮食问题太复杂了"，而应说"我有能力倾听身体的呼声、了解身体的需求"。

食物杂音可能会时隐时现

食物杂音总爱搞小动作，虽然它属于当下，但往日我们经历过重重困难才摆脱掉的不安全感或疑惑，仍然可以被它召回。

我的学员布鲁克女士记得在她成长的过程中，母亲要对她吃的每一口饭菜计数并测量。她总会听到母亲为她的三餐制定数字，同时还会解释为何她应当吃低脂甚至无脂食物。布鲁克下意识地接纳了所有这些信息，而食物也沦为一个长长的数学公式，它带来的不再是营养，更不是快乐。

布鲁克怀孕时接近 30 岁，从那时开始，她的脑海中才不再出现那些数字，也正是从那时开始，她才倾听自己身体的呼声。她平稳地度过了妊娠期，她吃喝的目的是获取营养，她满足自己所有的口腹之欲，与自己产生了前所未有的情感联结。忍受多年的食物杂音慢慢地消散，她开始享受选购食材、烹饪与吃喝的乐趣！

然而，三年内接连生下两个宝宝后，布鲁克的身体发生了很大的变化，她感到难以接受，自信心备受打击。同时，她忙得几乎无法安稳地坐下来吃一顿像样的饭菜，更不要说抽空做运动了。布鲁克所认识的其他妈妈总在谈论如何恢复产前身材，这让她更加感到焦虑。

这些妈妈们谈论的瘦身方式五花八门，既有"真刀真枪"的一周 7 天高强度锻炼课程，也有控制营养素摄入量，甚至还有腹壁整形手术！在这些食物杂音的引诱下，布鲁克早先的思维方式死灰复燃，各种负面的自我暗示一股脑儿地出现在她的脑海中。她开始对各种营养摄入量的数字着魔，她感到那些早已排除掉的、让人烦恼的杂音又出现了。

最终她决定，当其他妈妈再谈到食物与身材的话题时，她要委婉地转移话题。有几位妈妈执拗地对这些话题大谈特谈，布鲁克干脆疏远了她们。这样，布鲁克先是辨别出食物杂音的来源，进而降低这些杂音的干扰，同时思考如何找回往日的自己。她花大价钱入手了一辆舒适的双座婴儿推车，可以同时容纳家中的两个宝宝——她通过这笔投资获得了新的健身方式。虽然推着婴儿车在外面散步算不上"真刀真枪"的锻炼，但能够在户外走动就已经让她感到非常高兴了。她的心情开始好转，饮食决定也更加合理了。仅仅几天后，食物杂音开始从她的脑海中渐渐褪去。

当我们感到缺乏主导感、不确定、不安稳时，早先的食物杂音可能会再次响起，布鲁克的案例就是如此。这其中的道理是可以想见的，是不是？如果我们感到有压力、精神紧张，那么我们小心翼翼打造的防御工事就会出现裂痕，杂音就容易乘虚而入。正因为如此，我们这时就更应该保持警觉，排除食物杂音的干扰。要做到这一点，关键是要保持意识。你必须与自己同频，格外注意自己的感受，无论食物杂音如何吵闹，也不去理会它。

排除食物杂音的干扰

我们都知道，身处一座嘈杂的购物商场中，我们很难聚精会神地思考。同样，如果我们周围都是高强度的食物杂音，那么我们也很难照料好自己的健康。对我而言，找到并消除食物杂音后，我与自己的身体恢复了同频，进而倾听身体的需求，使自己健康成长。

在经历了人生第一场马拉松赛后，我又陆续参加了多场马拉松比赛。因为听从身体传递的信息，所以我超越了个人目标，参加了美国最艰苦的马拉松比赛——波士顿马拉松赛。

越过波士顿马拉松赛终点线的那一刻，是我有生以来美好、重要的时刻之一。当我们排除食物杂音的干扰，与内在智慧同频时，就会知道如何才能感到幸福、发挥潜能。这就是我最有价值的心得。

练习：消除你的食物杂音

现在你已经知道，食物杂音是不可避免的。一天中，无论何时听到食物杂音，你都要对自己发出警报："注意！食物杂音来了！"尽管食物杂音无处不在，但你有能力与它周旋和较量！你有能力采取行动并调低它的音量。

辨别你的食物杂音

在家里走一走，看一看书架上的书目；滑动鼠标，浏览社交网站上你关注的账号发布的帖子；想想上次你与朋友之间聊到吃喝时的内容；回忆你吃饭时内心在想什么。

选出你在当前生活中遇到的食物杂音的来源。

- ☐ 社交媒体上的网红
- ☐ 电视、收音机与视频上的广告
- ☐ 名人八卦小报等类似的报纸、杂志
- ☐ 微博与网站
- ☐ 电子新闻简报
- ☐ 朋友
- ☐ 家人
- ☐ 饮食与营养类图书
- ☐ 同事
- ☐ 其他来源：＿＿＿＿＿＿＿＿＿＿＿＿＿＿＿＿＿＿

你选了哪些食物杂音来源？

对于你选中的每一项来源，思考一个问题："我有什么办法能够降低，甚至消除这个来源的食物杂音？"

你的行动方案可以很简单。你可以这样做：不再订阅这份新闻简报；处理掉那些过时的清肠类图书；对母亲说，虽然我很尊敬您，但我不想再和您讨论您的新节食方案了。

你每清除掉一种食物杂音，就会在大脑中和生活中多腾出一片空间，进而重新选择适合自己的、符合自己需求的食物。

为了消除食物杂音，我的行动方案是：

_____

_____

_____

让压力远离餐桌

我还记得巧克力的香甜味……

我与丈夫伫立在墨西哥海岸边，庆祝我们的结婚周年纪念日。那天清风拂面，舒适惬意。沙滩上自然恬静，墨西哥的食物独具风味：新鲜多汁的木瓜；油脂丰富、口感细腻的牛油果酱；生姜青柠水；乡村风味的玉米夹饼裹上厚实的馅料，里面抹了辣酱的当地鱼肉都撑了出来；甜辣椒馅的墨西哥粽；刚出炉、带着脆边的面包，里面的巧克力夹心已经融化了。每一道菜我都吃了，一样不落。平日里，我要提前精心编排每一餐的食物，而像这样活在当下、无忧无虑、感受每一口饭菜带来的快乐，是一次大转变。

从墨西哥返回时，我实实在在地感到幸福、轻松、充满活力。你是否有过这样的体验？离家远行、接受别样的饮食，甚至胃口大开，回家时感受到前所未有的愉悦？这其中蕴含着何种道理？其实，这就是我们常说的"假期效应"。你感受到前所未有的愉悦，是因为你出门在外，身心放松。你把所有食物杂音留在家里，大脑不再想"我感到内疚""为什么我没有一点意志力""这真是有机食材吗"，摆脱了这些背景声音并释放了压力。无论你是否在休假，只要你在轻松惬意的心境下进餐，你的身体就更容易接纳进餐的体验、更容易全面吸收饭菜的营养。这一切都是因为你释放了一些日常压力！

心情紧张时，身体难以吸收营养

心情紧张是身体吸收营养的大敌。当你处于极度紧张的状态下，食物杂音与执念的束缚仿佛狂风暴雨在大脑中怒号，那么你就无法吸收食物中的全部营养素、维生素与矿物质。如果你神情紧张地坐在餐桌前，那么即便你的盘中盛满了羽衣甘蓝、藜麦、三文鱼、牛油果等各种营养丰富的食物，你的身体也无法吸收其中的营养。你的情绪状态的重要性完全不亚于你所选食材的重要性。当然，如果你的餐盘中完全是真空包装食品、加工食品，那么无论你的心情如何放松，也无法化腐朽为神奇把这些食品变成高密度营养食物。放松的心情与高品质食材，这二者缺一不可。你的身心之间相辅相成，要想重新书写你的食物故事，这二者就要共同努力。

原理是这样的：如果你在进餐时感到紧张、忧虑、焦躁，那么你的身体的生理机能会发生变化。需要补充一点：也许你"觉得"自己不紧张，但只要你听到了食物杂音，那么请相信我，你肯定会处于紧张的情绪中。这是一种低水平的压力，但它仍然属于压力的范畴。你的大脑会将一切内疚感、健康评判、饮食羞愧感视为压力，进而启动交感神经系统，你的身体会出现应激反应，这种反应也称为"战或逃反应"。对你的身体而言，任何压力都意味着"危险"，它会做出一系列反应，使你准备应对压力。

你的身体会做出哪些反应呢？首先，你的交感神经系统会指示身体分泌更多的应激激素——皮质醇；你的肌肉处于绷紧状态；你的心跳开始加快；血压升高；血糖升高；食欲增加，尤其想吃含糖量高的碳水化合物食物；甲状腺活动迟缓，这意味着你的代谢过程变慢；消化过程中止；免疫系统受到削弱。在这种状态下，尤其是消化系统停止工作时，无论晚餐的色彩多么丰富，你的身体都无法吸收它，至少无法完全充分地吸收它。

当你感到紧张、处于应激状态时，你的身体会进入自我保护模式，它开始保存能量，存储更多的脂肪，同时停止消化并吸收食物中的营养。此外，你的感官也受到影响，从而使你无法品尝出食物应有的味道，也无法体验到在轻松惬意的心境下本来能够体验到的快乐。

随着时间的推移，所有这些应激反应不仅会阻碍消化系统的正常运转，而且还会对它造成严重损伤，肠道内壁变薄，黏膜渗透性增加（也就是我们常说的肠漏症），伤害肠道微生物群（即帮助消化食物的细菌群）。

后果很严重，是不是？所有这些都是进食焦虑造成的。提到压力的来源，大多数人会想到失业、经济困难、遭遇车祸或伤害、健康状况下降、失去亲友等，或者一些日常状况，如工作上赶时间、路上被其他车辆强行并道等，但我们没有意识到，我们的心理活动——"我会变胖""我必须减肥""我应当少吃碳水化合物"——同样可以激发身体的应激反应。无论是客观事件还是主观认识，只要触发了应激反应警报，我们的身体都会产生同样的一系列激素变化；不仅如此，无论主观认识是对是错，只要你相信它，就会出现应激反应。

请记住：你的心理活动对身体的消化功能具有重要影响，如果你的心理活动充满压力，那么激素水平的一系列变化会影响你吃下的每一口饭菜！

让我警醒的一件事

2012 年底，我带领学员已两年有余，目的是帮助他们培养健康的生活习惯。那时我们主要考虑的是饮食内容：应多食用果蔬，少食用糖，多摄入膳食纤维。虽然我和学员们从高品质食物与生活方式中获益匪浅，但我总是感到仿佛忽视了什么，我们本可以变得更加轻松、惬意、自由。

有一天，我发现了一本名为《慢饮食》（*The Slow Down Diet*）的书，作者马克·戴维（Marc David）是饮食心理学院（Institute for the Psychology of Eating）创办人。不夸张地说，读过这本书后，我感到豁然开朗。我还记得这些话语："获取充足的营养要有两方面的保障，食用健康的食材只是其中一方面，另一方面是要处于理想的消化吸收状态。"理想的消化吸收状态？这是一种什么状态？

一个人又如何达到这种状态？这激发了我的好奇心。

在我的食物故事中，那是一个关键时刻。在那之前，我从未想到过我的心理状态会影响我的营养状况。那时的我几乎就是健康代言人。我去菜市场选购第一手食材，在家自己烹饪，每天只吃应季的、有机的、真正的食物。我通过三餐与零食控制血糖。不仅如此，我甚至在家为孩子们做炸鸡块，让他们既能吃到喜欢的食物又能保持健康。我做了所有我"应当"做的事，我感到比过去灵活变通了许多，不再如此刻板。说真心话，那时我以为自己痊愈了。

然而，我仍然感到焦虑。一些小事让我感到自责，如有些食物我不能亲手从头开始做；有时偏离了"预定计划"，然后下周一又要重新开始；有时给孩子们做的饭菜不是最有营养的，等等。即便我与家人一起就餐，大脑中仍然播放着自己的背景声音：

"这顿饭菜的营养均衡吗？"

"我今天怎么吃了那么多？"

"为什么一盘菜总是不够吃？"

"有没有什么秘诀能够控制饭量？"

事实上，我非常想为学员与我的孩子树立一个榜样，想做健康方面的中流砥柱，所以我给自己施加了很大的压力。对于每一口饭菜，我都要担心、质疑。虽然我转换了思维方式，我所追求的不再是完美的身材，而是最干净的食物，但事与愿违，我在无意中给自己增加了额外的压力。将压力带到餐桌上的结果就是无法从食物中获取充足的营养和快乐，这与我的初衷背道而驰。领悟到这一点后，我义无反顾地继续向前迈进。我去饮食心理学院报名并接受培训，改变我的食物故事，同时准备以自己的所学帮助他人。

马克·戴维成了我的导师，在他的指导下，我审视自己的内心，发现我成了自己的绊脚石，糊里糊涂地在自己前进的道路上设置了障碍，使自己无法获得真正的、富有活力的健康状态。在他的帮助下，我直面自己的饮食完美主义，进而挖掘出了铁一般的事实真相：我想要树立一个光辉的榜样，但同时给自己制造了压力，而这股压力不适合出现在餐桌上。我永远不会忘记他对我说的话：我们的最终目标是轻松惬意地进餐。轻松惬意地进餐！我从来没有想到，自己居然不曾轻松惬意地进餐！然而，我越是反思这个问题，越是感到这种进餐心境对我来说多么陌生。只有几次，我做到了轻松惬意地进餐，如在墨西哥，我吃掉了所有那些当地的新鲜菜肴与巧克力面包而没有感到一丝内疚。

然而，要轻松惬意地进餐并不需要去墨西哥，也不需要任何特殊的场合。你可以从今天开始、从下一餐开始。如果我能做到，相信你一定也能做到！

轻松惬意地进餐

请相信，我知道要做到让压力远离餐桌并不轻松。任何人都无法完全排除食物杂音的干扰，无法完全破除执念的束缚，也无法消除负面的自我暗示，更无法一下习得如何慢下来，它需要一个过程，我希望你能够开始尝试，在进餐时让身体逐渐放松下来。关闭你的交感神经系统和你的应激反应，同时启动你的副交感神经系统和放松反应，这样做，你的身体健康会获得巨大的益处，如消化功能增强。

赫伯特·班森（Herbert Benson）博士是身心医学领域的先驱，目前在马萨诸塞州总医院本森-亨利身心医学所（Benson-Henry Institute for Mind Body Medicine at Massachusetts General Hospital）任荣誉所长。班森博士提出了"放松反应"（relaxation response）的概念，这是指个体的副交感神经系统启动后，体内开始分泌激素等化学物质以对抗应激反应，使你的心率、血压、血糖和消化功能恢复正常状态。我们可以将放松反应视为应激反应的逆过程：紧张的心情使消化过程关闭，而放松的心情使消化过程重新启动（见表 2.1）。我们常常称之为"放松与消化"。

表 2.1 放松反应与应激反应

交感神经系统	副交感神经系统
启动应激反应	启动放松反应
关闭消化过程	启动消化过程

　　做到轻松惬意地进餐是朝着与身体的内在智慧同频这一目标迈出的第一步——仿佛与你的直觉建立直接联系，获得蕴藏在体内的第一手答案。在放松的状态下，你的意识会更清晰，你会更好地专注于当下，这样你就能注意到食物给感官带来的各种感受以及你的回应方式。慢慢地，你会与这些信息建立信任并意识到，你确实是最了解自己的人。

　　那么，在餐桌旁坐下来时，如何能多一分轻松、少一分压力呢？如何启动副交感神经系统并激发放松反应呢？首先，在进餐前做几次深呼吸。虽然这听上去很简单，但深呼吸能够极其有效地促使你做出放松反应、减缓心率、集中精神。它会激发副交感神经系统的"主控制开关"——迷走神经从而产生"放松与消化"反应。下一次进餐前，你可以深深地吸一口气，再把它呼出来，这样你就能远离压力，进入放松状态。

　　接下来，我习惯再念诵一句口头禅来完成餐前的小仪式。它可以帮助你排除杂音的干扰，摒除杂念，镇定下来，聚精会神于当下——静思、写作、烹饪、吃喝等。口头禅可以是一个词，如"注意""关爱""心静""当下"，也可以是一句话，如"我没有危险""活在当下""我要关爱自己"，还可以是一种有特殊意义的声音，如在瑜伽练习中发出"噢姆"（Om）的声音。

　　也许你会觉得，念诵口头禅是自我安慰，但有证据证明，它的确可以改变你的心理状态。瑞典林雪平大学（Linköping University）的研究表明，念诵口头禅可以"抑制大脑中默认的神经网络"，直白地讲，它可以使忙碌的大脑平静下来。念诵口头禅后，我们的大脑活动会发生明显的变化。不仅如此，如果你选择一句正面的口头禅，如"每一天我都在变强"，那么你不仅能够使大脑平静下来，而且还能搭建出新的、正面的神经路径，找到新的思维方式。如果你不认同"口头禅"这个词，那么你可以换一种措辞，如自我肯定、自我提醒、自我表达或餐前仪式。无论叫什么，效果都一样。

做几次深呼吸，念诵一句口头禅或为你赋予内心力量的话，压力就会远离餐桌，大脑就会进入适合进餐的最佳状态，你就可以享受一场滋养身心的体验。

而这一切，只需要几个字和几秒钟。

练习：下一次进餐前，念诵一句口头禅

下一次进餐前，念诵一句口头禅以放松身心。

选一句口头禅。你可以随心所欲地选择餐前口头禅，可以从以下选项中挑选，也可以创作出一句最契合你心意的口头禅。

"我的身体就要获得营养了。"

"我要享受这一刻了。"

"慢慢吃喝真舒服。"

"善待自己感觉真好。"

"能吃到这顿饭，我心存感激。"

"感谢食物、感谢身体。"

"餐桌上不欢迎内疚的人。"

"这里不欢迎完美主义者。"

"此刻什么都不想，只享受这顿饭菜。"

"其实，吃喝是很简单的事情。"

"内心平静、进餐安稳。"

"我要给健康打基础了。"

"我要学习新的进餐方式了。"

食物与执念

"这是我的新的食物故事。"

进餐前，做几次深呼吸，然后念诵几次你选择的口头禅。

你可以默念（在心中念），也可以大声说出来，无论选择哪种方式，对心理的益处都一样。

你可以只念一次口头禅，但为了达到最佳效果，我建议你重复几次。

进餐结束后，用几分钟的时间记录进餐体验。你的感受如何？是否感到进餐过程更加快乐？在餐前念诵口头禅是否带来了不同感受？

_____

_____

_____

_____

_____

第 3 章

心无旁骛地进餐

FOOD
STORY

一心不能二用

想象一下，紧张工作了一周后，这一天是周五，你一心想着美美地吃上一顿。你约了好友奥莉维娅来家里一起吃晚饭。冰箱里都是新鲜的食材，你兴致勃勃地想要展示手艺做一道新菜，而且迫不及待地想要开一瓶葡萄酒佐餐。

你放了音乐并调高了音量，然后开始煸炒蔬菜。很快，厨房里就香飘四溢，仿佛一间米其林星级餐厅。奥莉维娅翩然而至，你发现她完全心不在焉，因为她从进门之后一直在看手机。真不讲礼貌！有很多次她没有认真听你说话，然后又要你重新说给她听。等到开饭时，她又开始对着饭菜发呆，你完全知道个中缘故。她在忙着做心算，一口还没有尝就想要弄清饭菜中的碳水化合物、脂肪等营养素的含量。她犹疑地拿起叉子，你禁不住想：她究竟会不会尝一口你做的天才版牛油果酱配烤南瓜籽（参见第 155 页）？

晚餐进行到无敌甜菜汉堡（参见第 149 页）与巧克力开心果"树皮块"配冻干树莓（参见第 157 页）时，你心中暗暗想到，以后不请奥莉维娅来家里吃晚餐了。再也不请她来了！心不在焉、不懂得领会别人精心准备的家庭美食中的心意，有谁愿意与这样的人共进晚餐呢？

那么，你是否应当反思一下你在独自进餐以及与他人共同进餐时的表现呢？进餐时，你是否总在打电话、看新闻、回邮件、翻杂志或者心事重重，无法完全融入进餐的心境中？想一想，这时的你其实与奥莉维娅一样，我们都曾与奥莉维娅一样！当然，你并非有意要在进餐时心不在焉。然而，奥莉维娅仿佛一面镜子，让我们看到自己在餐桌上心不在焉时的样子。

在过去的 20 年中，我在进餐时要么忧心忡忡、思虑过重，要么不想面对自己对食物的感受而有意识地想其他事情。读过上文后我们知道，我们对食物感到忧虑时，体内皮质醇的含量会升高；相反，轻松惬意地进餐时，身体会放松并消化食物，但最大限度地从食物中摄取营养只是一方面的好处，另一方面的好处是满足感。如果进餐时心不在焉，那么你就无法获得饮食带来的感受，也就无法获得食物带来的快乐。

专注于当下

心不在焉地进餐源自我们的文化。2019 年，一份研究发现，88% 的受访成年人在调查中表示，进餐时会看手机、电视等。另一项研究发现，三分之一的美国人如果不浏览手机就不能进餐，72% 的人在进餐时往往会看电视。除了手机、电视这些外在因素的干扰，我们还时常受到内在因素的干扰，如饮食上的强迫思维（食物杂音警报），以及无穷无尽的待办事项。

我们想要用有限的时间做无限的事情，因而习惯于在进餐时一心二用、分心处理其他事务。我们很容易认为，进餐与其他事情是并行不悖的——一个人在吃饭时几乎可以做其他任何事情：一边喝思慕雪一边跑出家门；一边狼吞虎咽地吃午餐一边发几封电子邮件；趁着吃晚餐的时候刷电视剧；大口咀嚼下午茶点心时计划如何锻炼以消耗摄入的热量。对于自己能够一心二用地"充分利用时间"，我们引以为荣。

然而，通过一心二用来充分利用时间只是我们的一厢情愿而已。科学证实，一心二用并不能充分利用时间；相反，一心二用会浪费时间，因为我们的大脑不能在两件事情之间有效地切换，至少不能高效地切换。多项研究表明，当我们一心二用时，更容易遗漏一些工作，也更容易犯错。你是否有过这样的经历：一边浏览网页一边吃鹰嘴豆泥，不知不觉之间罐子已经空了，却想不起来最后一口是何时吃完的？（不仅是你们，我也有过这样的经历。）

一心二用意味着无法专心进餐。如果你忙忙碌碌、心事重重，就不可能认真聆听身体的需求与愿望，至少听不到身体发出的饥饿或饱腹信号。此外，还有其他方面的问题。例如，你无法察觉自身感受的细微之处，具体而言包括饭菜是否合你的胃口、你的情绪体验如何。简言之，当你的注意力不集中时，就无法与自己的各个感官保持同频，也就无法从食物中获取满足感，但你有权从食物中获取满足感！无论是你自己精心制作的食物，还是他人为你精心制作的食物，你都有权品味它的滋味，享受它带来的快乐。即便你是独自进餐，也应当花几分钟的时间调整自己，放松下来，将杂念抛到脑后，而后再吃第一口饭，你值得这样呵护自己。

你也许会想，"可我没有时间专心进餐"。我可以肯定地对你说：即便你忙得不可开交，即便你没有多少时间，你仍然可以专心进餐。我想强调的是，心无旁骛地进餐并非一定要懒洋洋地、慢条斯理地小口吃水果，一连吃上几个小时，专心进餐的关键是用心，而不是用多少时间。吃午餐用 5 分钟也好，用 1 个小时也罢，你要做的是在这个时间内专注于当下。

所以，当你在餐桌旁坐下来准备用餐时，把手机收起来，关掉电视，抛开脑海中的杂念。如果你要与另一个人一同进餐，那么只把注意力集中在这个人的身上。把这当作唯一的任务！从我的亲身经验看，这样的餐前准备会更好，它可以让你与食物及你身边的人建立更深的情感联结，滋养你的身心，为内心带来满足感。

抛开思虑和杂念，建立情感联结

克里丝塔来找我咨询时，只有一个愿望："我想要听到自己身体的呼声"。她发现，每次坐下来进餐时，要么头脑中出现各种杂音，要么手中忙着各种事务，几乎不可能做到专心吃饭。她对我说，她的脑海中充斥着各种负面的声音，每次吃过饭后，她几乎总会感到"像是经历了一次填鸭"，她几乎从未感受到进餐的快乐。

那么克里丝塔应当如何改变呢？首先，她需要让压力远离餐桌。我问她是否愿意在进餐前用一分钟时间调整心境。我建议她念诵一句口头禅（参考前面的练习），做几次深呼吸，或者想一想当天经历了哪些难忘的事。她可以通过这些方法启动副交感神经系统，建立对自身行为与想法的意识，从而轻松惬意地进餐。

从与现实脱节、情绪紧张的状态调整为活在当下、心情放松的状态，然后再开始进餐。

克里丝塔选择在进餐前做几次深呼吸，她发现这种简单的练习可以抵御心中的压力。克里丝塔进入专注当下的状态后，接下来就要保持这种状态，抵制诱惑而不走神。这就需要勤加练习，熟能生巧。很快，克里丝塔就感受到，食物变得越来越有滋味了，当吃饱时，她也可以轻易地接收到身体发出的信号了。她注意观察一直以来被她忽视的细微差别。抛开思虑和杂念后，克里丝塔终于能够与身体的内在智慧建立起情感联结，感到心满意足时就放下刀和叉，自我填鸭式的进餐经历也就随之消失了。

---

3 步实现情感联结

1. 进餐前引导身体做出放松反应。可以念诵口头禅或做几次深呼吸。

2. 开始进餐后，要专注当下。注意抵制诱惑，不要碰手机，也不要走神。

3. 体会食物的细微之处，与身体的内在智慧保持同频。

你也可以像克里丝塔一样，与食物及自己的身体建立起情感联结。一旦你的身体做出放松反应、进入平静的状态并开始专注于当下，就要适应并保持这种状态。抵制诱惑，不要回复手机上的消息，也不要回想先前与领导的谈话。注意你的饭菜，注意它们的颜色和味道，注意对饭菜入口的期待，注意第一口饭菜带来的感受，你是否专注于当下的感受，你与自己的联系是否变得更为紧密。同样，如果与他人一起进餐，那么你与他人的联系是否变得更为紧密。

如果你抛开思虑和杂念，同时与食物、你的身体、你爱的人建立情感联结，那么你就打开了一扇门，可以从不同角度体验这些情感联结。了解食物的生长过程和产地，会让你感受到情感联结；烹饪一顿色香味俱全的饭菜，享受烹饪过程带来的快乐，会让你感受到情感联结；吃下每一口食物，身心都会产生反应，这些微妙的反应会让你感受到情感联结；进餐过程很快乐，进餐完毕、口腹之欲得到满足都会让你感受到情感联结；你与家人、朋友共同进餐，一起谈天论地、畅所欲言，也会让你感受到情感联结；你的身体、大脑与内心得到深深的滋养，会让你感受到各种各样的情感联结。所有这些情感联结能否出现，都有一个前提条件，即你能否全神贯注于自己（或他人）。

想要体验情感联结的各种益处吗？完全不需要等到下一餐再开始，我们现在就可以开始！让我们拿出几分钟，抛开杂念，专注于当下。

练习：巧克力伴静思

静思是一项无与伦比的有效方法，可以让你的大脑沉静下来，专注于各种感官的当下感受。静思可以为身心带来许多益处：你的交感神经系统会逐渐停止工作，压力得到释放，认知功能得到改善（即你的思维更加清晰）。如果你从未练习过静思，或者觉得静思完全不适合你，请你稍加忍耐。说实话，我自己也不擅长静思……那就尝几块巧克力吧，你会有焕然一新的感受！按以下步骤试一试这项巧克力伴静思练习，我相信你会感受到惊喜。

这是一项夸大的练习，目的在于向你阐释专注当下在食物故事中的力量，同时帮你理解如何与食物建立起情感联结并感到心满意足。在练习时，你要闭上眼睛，将一块黑巧克力放在口中，练习如何慢下来并专注地吃，调动你所有的感官以全新的方式品味这块巧克力，体会你没有 100% 专注于食物时忽略的那些细微之处。至今已有很多人在我的引导下体验了这项简短的练习。所有感官都调动起来后产生的变化几乎让每个人都大呼过瘾。有一位名叫乔伊的学员性格十分开朗，在做过这项练习两周后他找到我并对我说："我好像还能想起那块巧克力的味道。"体验了这种变化，你就会理解他所说的。

你需要做好以下准备：

- 若干小块巧克力——优质黑巧克力最佳。

● 一个舒适的座位：地板上、沙发上、椅子上，随你选择！

接下来，我们开始练习。请坐下来，注意，以舒适为准。闭上眼睛，缓缓地做几次深呼吸。注意，简单的深呼吸过后，你的感受已经悄然发生了变化。大脑专注于此时此刻，不要回想今天已经发生的事情，也不要考虑今天还会发生哪些事情。让大脑专注于当下就会从静思中获得最大的益处。

缓缓地进行深呼吸。感受身下的地板或座椅。感受地面的支撑，以及与地面的联系。注意听你周围的各种声音。先听一听非常远的声音，如远处汽车鸣笛的声音，或者孩子们在屋外玩耍的声音。注意听这些远处的声音。

接下来，再听一听近处的声音，如房间里的声音——冰箱工作时的嗡嗡声、雨滴落在屋顶的淅淅沥沥声、角落里宠物犬微微的鼻息，总之，它们都是一个非常近的声源。注意听这些近处的声音。

然后，注意听你自己的呼吸声，也许会听到鼻腔、口腔中微弱的气流声。注意一呼一吸。将意识转向内在，然后让意识停留片刻。大脑中快速闪过的待办事项或其他事情，由它去吧。

停留在这个轻松惬意的状态，慢慢地睁开眼睛，注意面前的巧克力。把它拿起来，感受它的重量，观察它的形状与颜色。拿起它的时候注意手指尖的触感和巧克力的质感。默默地对自己描述这块巧克力的样子：它是黑色的吗？它的表面光滑吗？它是方形的吗？

把这块巧克力放在鼻子下面，深深地吸一口气，巧克力的香甜气味会飘进你的鼻腔并到达鼻腔的后部。深深地呼气、吸气，多做几次。注意大脑中的变化。你期待吃下这块巧克力吗？先前你是不是没有认识到它的香气如此浓郁？

把这块巧克力放入口中。随着你慢慢地咀嚼，注意口中是否迸发出或微妙或浓厚的味道。让这块巧克力尽可能长地停留在口中，探究它的味道、质地以及其他你通常不会注意的细微之处。

在口中把巧克力翻转过来。回想你平生第一次吃巧克力时的感受、感觉或记忆。那巧克力是好时巧克力还是有香脆扁桃仁的巧克力棒？

也许你还没有吃完这块巧克力，就已经迫不及待地要伸手去拿下一块了。试一试能否让自己放松，专注于此刻的体验，而不要急忙期待下一块的味道。继续品味口中的巧克力，慢慢地品味它的味道。

最后，当吃完这块巧克力后，收回注意力，注意你的各个感官。注意你的口中是否还留有余香。再次闭上眼睛，继续深深地吸气、呼气。享受身心变化带来的快乐。想一想，仅在几分钟的时间里，你的大脑就能平静下来，专注于所有感官并感受当下。

至此，你圆满完成了巧克力伴静思练习！希望你能通过这项简短的练习略微体会到，专注于自己的身体、调动各种感官和完全专注于食物能够带来哪些益处。大多数人都对我说，他们以这种方式进餐时，每一种食物的味道都变得更加可口了，简直不可思议。再用几分钟的时间写一写你的心得。你的感受如何？你注意到了什么？

_____

_____

_____

记住一点：这是一项夸大的练习，目的在于向你阐释专注当下在食物故事中的力量。每次进餐都如此慢、如此专注或拉长数小时当然是不现实的。然而，我们可以尽可能久地专注，5分钟、10分钟或20分钟，从而在进餐时保持情感联结。专注于当下就是给予自己（及他人）一份馈赠，你很快就会认识到，这会给你及你周围的人带来多么美妙的感受。打开这扇大门，在生活的某个方面活在当下，那么你也就获得了一股神奇的力量，从而能够在生活的各个方面活在当下。

食物对身心状态的影响

教室里挤满了听众，他们热切地希望听我的人气讲座"不同食物，不同状态"。向他们介绍这些信息让我感到既兴奋又紧张。作为开场白，我提了几个问题。

"平时大家吃完一些食物后，有没有感到完全不合胃口、不适或者心神不宁？"

"如果你曾经对食物感到焦虑，请举手。例如，你会不会担心，'吃了这些，我的大腿会不会长肉、胃会不会胀'。"

"如果有时你对食物感到厌倦却又无能为力，请举手。例如，你不知道晚饭该吃什么。走进厨房时，你完全提不起兴致。其实，我自己也这样！"

大家都在认真地听着。我继续说道："今天，我要帮助大家减轻在食物方面的压力，因为食物带给我们的不应当是压力！食物带来的应当是营养、享受与快乐。我们不仅不应当因食物感到焦虑，反而应当从食物中汲取内心力量。大家希望从食物中汲取内心力量吗？"听众们都点头认可。

接下来我与他们分享的内容，也是本书接下来的内容，是"重新认识食物，焕发你的活力"。有了这种认识，你就能够摆脱旧习惯、旧观念，同时获取健康、快乐；有了这种认识，你就会选择各种各样、五颜六色、富含营养与膳食纤维、平衡血糖的食物并从中获得活力；有了这种认识，你就能够以更饱满的情绪面对一整天的任务。

让我们来认识食物与身心状态的关系，这种认识食物的方式具有科学依据，它能够为我们带来转变。这是一种积极的进餐方式，可以改变我们的观念。它的原理是我们不但不需要担心食物会造成哪些伤害，反而要开始思考食物会带来哪些益处。虽然这之间的差异听上去微乎其微，但其中别有洞天。你是否想要继续听下去呢？

重新认识食物

想必你已经注意到，食物能够通过某些方式影响我们的状态。也许你已经知道，富含色氨酸的食物，如火鸡肉、蛋类、亚麻与蜂蜜让人感到舒适甚至产生睡意；糖与咖啡因让人感到短暂的精力旺盛和干劲十足，但随之而来的却是一阵萎靡和精神不振。这就是食物与状态的关系。

大多数人凭直觉知道，食物能够影响我们的身心状态：当吃真正的健康食物时比吃垃圾食品时的状态要好。随着科学研究的不断深入，我们的直觉得到了证实。研究表明，某些食物，如水果类、坚果类、种子类和有益脂肪类，使我们感到有动力、积极向上；而另一些食物，如加工类食品、精制糖，可能会压抑我们的情绪，但这并不意味着那些芝士玉米酥就是毒药（要记住：食物没有好坏之分）。我们知道各种食物能够带来哪些状态就够了，这样我们在一天的各个时间段做出的决定都能为我们的内心赋予力量。

正因为这个原因，食物与状态的关系可以转变我们对食物的认识。我们通过这种关系掌握了选择的大权！

原理是这样的：你想好要体验哪种特定的状态、情绪或心情，然后就选择对应的食材，帮你酝酿这种特定的状态。例如，如果你想要从容镇定的状态，那么你可以吃一块黑巧克力，因为黑巧克力可以促使身体分泌"幸福分子"——花生四烯乙醇胺——它可以帮助我们镇定下来、感到幸福。

也许你要完成一项紧急工作，需要全神贯注，所以此刻你不想太从容镇定。那么这时你需要摄入一些牛油果或核桃中的有益脂肪，它可以提升大脑活力，让你的思维清晰、敏锐。

当然，想让食物发挥调节我们状态的作用，还要有适当的思维模式。你是否还记得思维模式很重要？如果你在焦躁、忧虑、紧张的状态下进餐，或者不停地听到食物杂音，那么这种心理状态会改变你的生理状态。在这种情况下，即便你吃下的是富含营养的食物，也不能充分吸收这盘美味菜肴的营养；相反，当你处于轻松惬意的心境下，就可以从食物中最大限度地吸收各种营养。

现在，你能够较为熟练地感知自己进餐时的情绪和行为了，那么接下来你就可以了解食物调节状态的具体的科学功效了。

食物与状态之间的关系是真实存在的

食物与状态之间的关系是一个新兴的研究领域。研究人员正在进行大量的研究，以期找出其中的原理，但食物与状态之间的相关性确实存在。在过去几年中，多项研究已经证实，食物对我们的状态具有较大的影响。

- 2011 年，《美国临床营养学》（*American Journal of Clinical Nutrition*）期刊刊登了一项研究结果：女性摄入较多富含维生素 D 的食物后，会感到更幸福，生活更快乐。
- 研究人员发现，具有地中海饮食习惯的人群认知功能会得到改善，记忆力与注意力的改善尤为突出。
- 一项为期 9 年的研究跟踪调查了将近 300 名研究对象，发现多吃水果和蔬菜可以降低抑郁与焦虑的风险。
- 常食用富含益生菌的发酵食物，可以缓解焦虑症状、提升心态水平，使人感到更加幸福。益生菌是一种活细菌，能够调节肠道内菌群的平衡，保持肠道健康。

这只是现有研究中的九牛一毛而已，而且新的研究结果还在源源不断地问世。如果你还是不相信，那么当你了解人体如何运转后，你就会有所改观。

我们的大脑会分泌一种被称为神经递质的化学物质，并通过它传递信号，它能调节我们全身上下的各种功能，如心跳、睡眠、食欲、状态。能够调节个体状态的神经递质主要有以下三种。

- 血清素：让你乐观、镇定、更加专注，也正因为这个原因，它往往被称为"快乐因子"。
- 多巴胺：具有奖励与激励的作用，大量多巴胺可以让我们感到快乐或者有一种"快感"。
- γ 氨基丁酸：抑制焦虑，帮助我们放松、镇定。

我们可以通过饮食来提高体内神经递质的含量，或者为神经递质创造条件，使它们更好地发挥作用，进而借助它们的力量提升我们的状态。

我们的状态在很大程度上受神经递质的影响，所以通过食物来调解神经递质是调节状态的主要方式，但它不是调解状态的唯一方式。健康的身体可以促进健康状态。一些食物的营养成分可以通过各种重要方式保障身体正常运转，如排除毒素、消炎、增强免疫系统等，选择这些食物可以使我们的身心更健康。

此外，我们还应注意，一些食物有呵护肠道的作用。你的肠道与大脑及你的状态之间都存在直接联系，以至肠道被称为"第二大脑"。据研究人员估算，90%（甚至更多）的血清素，即提升状态的神经递质，是在肠道内合成的。肠道内菌群是否平衡，是否存在大量的"有益"菌，是肠道能否合成血清素的关键因素。相反，肠道不健康与人体全身上下的慢性炎症之间存在关联，而后者又与情绪大幅波动、焦虑、抑郁之间存在极大的关联。因此，当我们改善了胃肠道健康时，也就改善了我们的心理健康。

那么，能够调节状态的营养物质究竟有哪些呢？它们远在天边、近在眼前。你的厨房与冰箱里就有它们的身影。

蛋白质：氨基酸是构成蛋白质的基本单位，也是合成神经递质的要素。色氨酸就是一种氨基酸，存在于鱼肉、蛋类、鸡肉、火鸡肉、花生、南瓜籽、芝麻等食物中，是合成血清素的要素。酪氨酸是合成多巴胺的要素，它存在于扁桃仁、牛油果与乳制品中。谷氨酰胺是氨基丁酸的主要成分，它存在于豆类、糙米与菠菜中。

有益脂肪：人脑的 60% 由脂肪构成，难怪有益脂肪，尤其是富含 omega-3 脂肪酸的有益脂肪对大脑功能及我们的状态至关重要，它能够增强神经递质的活动，同时具有消炎的功效。食物来源包括核桃、亚麻籽、牛油果与三文鱼。

复合碳水化合物：全谷物、豆类、水果与蔬菜为我们提供重要营养物质与膳食纤维，同时为色氨酸创造条件，使它进入大脑，增加血清素含量。因此，复合碳水化合物摄入不足时，会对我们的状态产生负面影响。也许你注意到了，谷物与豆类不是复合碳水化合物的唯一来源，水果以及淀粉类蔬菜与非淀粉类蔬菜都能为我们提供充足的复合碳水化合物！

B 族维生素：能够提高人体内血清素、多巴胺与氨基丁酸的含量，增强它们传递信号的能力。B 族维生素是提升状态的各种营养中的大明星。三文鱼、绿叶菜与豆类都富含 B 族维生素。

镁： 存在于黑巧克力、牛油果、坚果类、种子类、豆类、绿叶菜与全谷物中，是一种能够减缓压力的矿物质，它可以调节人体内氨基丁酸的含量，帮助我们释放压力、放松下来。镁参与人体内 300 多种化学反应，一些研究表明，75% 的美国人日常的镁摄入量不能满足身体的需求。

抗氧化剂： 人体内会不停地形成一种被称为自由基的化合物，随着时间的推移，这种化合物能够对神经系统等身体器官造成损伤，研究人员发现，这种化合物与抑郁、焦虑有关，但抗氧化剂能够抑制自由基。浆果类食物富含类黄酮抗氧化剂，经研究表明其能够提升大脑健康状态与记忆力。哈佛大学医学院布里格姆妇科医院（Harvard's Brigham and Women's Hospital）的研究人员发现，如果女性每周摄入 2 次以上草莓与蓝莓，那么可以延缓记忆力衰退的过程，多则延缓两年半。除浆果外，我们还可以食用羽衣甘蓝、宽叶羽衣甘蓝与菠菜！这些绿叶菜富含抗氧化剂，能够使我们的思维保持清晰、专注。

抗炎物质： 如果全身都有炎症，那么就意味着大脑与肠道出现了炎症，这会影响它们的生理功能，进而破坏我们的状态，但抗炎食物能够抑制炎症，同时促进免疫系统恢复。浆果、橙子、柠檬、青柠与柿子椒富含维生素 C，维生素 C 是一种非常有效的抗炎物质。同时，胡萝卜与红薯富含 β-胡萝卜素，β-胡萝卜素在我们的体内转化为维生素 A，而维生素 A 是一种极其重要的营养物质。味道强烈的辛香料，如姜黄、姜、大蒜、肉桂、丁香、百里香、迷迭香，可以缓解炎症，同时为食物提味增香，增强我们的记忆力与注意力。

益生菌： 活性微生物能够调节肠道内菌群的平衡，甚至可以提高体内血清素的含量。我们应选购一些发酵类食物，如韩国泡菜、酸奶（包含乳制品与非乳制品）、开菲尔酸奶、红茶菌、味噌、酸菜。

膳食纤维： 肠道内有益菌群非常喜爱膳食纤维，尤其是菊粉，这是一种益生元，即益生菌的"食物"，它存在于韭菜、葱、大蒜、洋葱、洋蓟、芦笋、小扁豆、略带绿色的香蕉、燕麦中。膳食纤维还能维持血糖稳定，使血糖在一天的各个时间段都不会出现较大的起伏，同时抵制出现较大的情绪波动及伴随而来的易怒。

原来食物有如此多的好处，你是否有一种豁然开朗的感觉？多年来，我们都在忧心忡忡，一顿饭可能会造成哪些伤害，但现在我们应当不断地提醒自己，一顿饭能为我们带来哪些益处。它可以为我们带来能量，促使我们形成积极向上的思维模式，提升我们大脑的功能，调节我们体内的激素含量，而且它还能为我们带来快乐的感受。你可以把握主动权，根据你想要的状态选择食物。

你想要何种状态

对我的学员，甚至对我自己，我最常提出的问题是"你想要何种状态"。在本书中，如果我总在鼓励你思考这个问题，不要见怪，因为随时与自己交流有助于确定你的目标状态与实际状态是否一致，如果有差异，这个问题还可以帮你分析如何使它们达成一致。食物就是你的工具之一。

你想要集中注意力？想要感到快乐？感到舒适？想要感官愉悦？在下文中我们将列出一些特定的食物来帮助你酝酿这些状态！我发现，大多数人希望达到以下 7 种状态。

开心幸福

想要开心幸福（积极向上、快乐、乐观），可以选择以下种类的食物。

- 有活力、多彩的食物，如红色的甜菜、橙色的南瓜、黄色的咖喱、绿色的蔬菜、蓝色和紫色的浆果，它们不但营养丰富，而且还能带来视觉刺激。
- 豆类，如鹰嘴豆、小扁豆、豌豆等，有助于合成幸福神经递质——血清素。
- 有益脂肪，如牛油果、坚果、鱼肉，尤其是富含 omega-3 脂肪酸的食物，如奇亚籽、亚麻籽，这些食物有助于抑制抑郁症状。
- 富含 L- 茶氨酸的食物，L- 茶氨酸是一种氨基酸，能够使我们感到镇定，提升总体幸福感，如抹茶、生可可。

- 富含 B 族维生素的食物，如巴西栗、深绿叶蔬菜、全谷物，它们可以提升你的兴致。

专心致志

想要专心致志（思维敏锐、清晰、清醒、警觉），可以选择以下种类的食物。

- 有益脂肪，如牛油果、坚果、鱼肉，它能使大脑正常运转，因为大脑的 60% 由脂肪构成。
- 绿叶菜，如羽衣甘蓝、菠菜、宽叶羽衣甘蓝、西蓝花。绿叶菜富含能够提升大脑功能的营养物质，如维生素 K、叶黄素、叶酸、β - 胡萝卜素。
- 抗炎型辛香料，如大蒜、姜黄、姜、肉桂、丁香、百里香、迷迭香，这些能够减轻人们因紧张引起的头痛。
- 富含镁的食物，如腰果、扁桃仁、藜麦、优质黑巧克力，人体可以从中获取减轻压力的矿物质。
- 益生菌与发酵食物，保持肠道健康与大脑健康。
- 每一餐都要营养均衡，要含有各种营养素，包括蛋白质、碳水化合物与脂肪，个体可以从中获得满足感与能量。
- 按时进餐，防止血糖过低，当你因为饥饿而易怒时，就无法集中注意力！

容光焕发

想要容光焕发（光彩照人、靓丽、夺目、有活力），可以选择以下种类的食物。

- 富含维生素 C 的食物，如颜色鲜艳的水果与蔬菜，包括石榴、柑橘类、黄彩椒，它们可以提升人体内胶原蛋白的含量，使皮肤紧致、健康，使心脏强壮有力。
- 蛋白质，如鹰嘴豆、小扁豆、三文鱼、金枪鱼、鸡肉、毛豆、素汉堡包、蛋类，这些同样是合成胶原蛋白的关键原料。
- 大量水分，因为人在脱水状态下会感到身心疲惫、无精打采。要饮用大量的清水，同时也可以饮用具有安神舒心功能的茶、自己做的汤和粥，以及西瓜等水分含量较大的水果。

- 可以抗炎的辛辣食物，如大蒜、姜黄、姜、肉桂、丁香、百里香、迷迭香，可以预防皮肤浮肿。
- 富含 β-胡萝卜素的食物，如胡萝卜、红薯，β-胡萝卜素能在人体内转化为维生素 A，让皮肤焕发光彩。

坚强有力

想要坚强有力（力量、生命力、健康、勇往直前、不可阻挡），可以选择以下种类的食物。

- 各种饮品与酊剂，可以增强我们的免疫系统，抵御感冒与流感病毒。可以在热水中加入柠檬、姜及未加工的蜂蜜，然后直接饮用，如果加入抗病毒物质接骨木提取物效果更佳。
- 营养丰富的抗炎果汁或思慕雪（姜黄、姜、芜菁、凤梨、绿叶菜），可以进一步增强我们的免疫系统。
- 富含益生菌的食物，如发酵的蔬菜、味噌、酸奶、酸菜，可以保持肠道健康、免疫系统强劲。
- 富含 L-茶氨酸的食物，如抹茶、生可可，L-茶氨酸是一种能够调节状态、减缓压力的氨基酸，使我们感到坚强有力，而又不会像咖啡因一样带来较大的情绪起伏。

舒心自在

想要舒心自在（舒适、放松、得到支持、怀旧），可以选择以下种类的食物。

- 含有色氨酸的食物，如三文鱼、鸡肉、火鸡肉、蛋类、亚麻籽、芝麻、南瓜籽、葵花籽、腰果、花生、扁桃仁、核桃、蜂蜜。色氨酸是一种氨基酸，可以减缓焦虑，有助于深度睡眠。
- 富含钾的食物，如香蕉、橙子、哈密瓜、杏、菠菜、红薯，以及富含镁的食物，如菠菜、藜麦、坚果、牛油果。钾与镁都是天然的肌肉松弛剂，可以为我们营造舒适的感受。
- 热乎乎、让人感到温暖的食物。耶鲁大学的一项研究发现，手握一杯热咖啡而不是一杯冰咖啡，可以改变我们的情绪状态，使我们感到与他人之间存在情感联结，从而变得更加大度。

- 明火中烤熟的食物。研究表明，在一簇烧得噼噼啪啪的火堆旁边时，可以降低血压，使人处于深度放松、近似神情恍惚的状态。
- 有怀旧感、能够带来美好回忆的饭菜。有时你需要品尝与记忆中一模一样的饭菜，有时一顿改良版、更健康的饭菜同样可以带来满足感。

感官满足

想要感官满足（性感、自信、轻松惬意、开放、自由），可以选择以下种类的食物。

- 调动情欲的食物，如黑巧克力、牡蛎、无花果、苹果、草莓、牛油果。
- 西瓜与石榴汁富含瓜氨酸，瓜氨酸是一种血管扩张剂，顾名思义，它能够扩张血管。
- 玛卡粉，由秘鲁人参制成，可以提高人体能量的含量，可以在思慕雪中加 1 茶匙玛卡粉。
- 富含锌的食物，如南瓜籽、松子、鹰嘴豆、小扁豆、豆科、全谷物，可以促进人体内合成性激素，如睾酮、催乳素。
- 能够唤起感官记忆、性记忆与感受的食物，如少许蜂蜜、深红色的树莓、冷藏后的葡萄，以及由蜜枣、扁桃仁酱与黑巧克力自制的松露形软心巧克力。

从容镇定

想要从容镇定（稳重、稳当、踏实、冷静、愉快、轻松惬意），可以选择以下种类的食物。

- 富含硒的食物，如巴西栗、黄鳍金枪鱼、蘑菇、小扁豆。研究发现，硒与个体焦虑程度下降、情绪状态提升之间存在相关性。
- 黑巧克力，含有花生四烯乙醇胺，这是一种称为幸福分子的脂肪酸神经递质，黑松露也含有花生四烯乙醇胺。
- 洋甘菊茶，一些研究表明，洋甘菊具有缓解焦虑的功效。
- 姜黄，含有姜黄素，这种化合物有益于大脑健康、减轻压力。
- 藏红花，也称"阳光香料"，经研究可以调节状态，甚至可以减轻经前期综合征。

不断问自己："我想要何种状态？"然后通过上文中的建议与后文中的"食谱与仪式"中"备忘录"来酝酿目标状态。

你是不是在想，如何在饭菜中搭配这些五颜六色、营养丰富的食物与香料呢？我来帮你！本书中的所有食谱都是按状态分类的，所以，一旦你确定了目标状态，就能够烹饪并吃到相应的食物！

感受到内心的力量

现在你是否感受到内心的力量？我希望如此！食物与状态的关系可以帮助我们告别削弱我们内心力量的老故事，进而行使自主权，提前计划，做出滋养我们身心的决定，使我们的状态、每一天乃至一生的方向都朝着目标前进。你不但可以摆脱被动的处境，甚至可以采取主动的姿态。这多么令人振奋！

进餐前先想一想："我想要何种状态？为此，我可以做哪些选择？"然后，按照你的心意去选择食物。这个重要问题能够引领你获得主导权。有了食物的支持，你就可以摆脱无奈甚至绝望，同时运用自己的力量！

练习：食物与状态日记

通过这项日记练习注意并体会食物与状态之间的关系。不要处于被动的处境，如"唉，我刚刚吃了＿＿＿＿＿＿＿，我后悔了！"而要采取积极的姿态，如"我想要感到＿＿＿＿＿＿＿，为了获得这种状态，我要吃＿＿＿＿＿＿＿。"

上午：制订计划

今天你想要何种状态？

写下几个词语表述今天你想要体验的状态、情绪、心情，如开心幸福、专心致志、容光焕发、坚强有力、舒心自在、感官满足、从容镇定，等等。

_____

_____

_____

▨ 你有何计划？你计划如何酝酿你的目标状态？

为了酝酿你的目标状态，你可以选择哪些食物？如果拿不定主意，你可以参考"备忘录"或者参考食物与状态关系食谱。写一写你的计划。

_____

_____

_____

傍晚：反思

▨ 今天你的状态如何？是否体验到了目标状态、情绪、心情？

_____

_____

_____

▨ 今天的食物是否对你的身心有很大益处？写一写你的观察结果。

_____

_____

_____

▨ 今天的食物是否让你感到不满意？是否让你感到胃胀、发痒、倦怠、不适或不在状态？写一写你的观察结果。

_____

以正面的感想结束一天的生活总是美好的。明天你想要尝试哪种食物来调节状态？

你想要何种状态

"我感到心累。"希瑟第一次咨询时，一脸无奈、垂头丧气地对我说。

"你说的心累，具体是指什么？"我问道，请她多做一些思索。希瑟因食物而感到有压力，因此感到心累。她总是担心卡路里、碳水化合物与饭量，所以感到身心疲惫。每次她的食物与"计划"不符，她就会感到内疚，时间久了就倍感疲惫。她总是忧心忡忡，不知道该吃什么、吃多少、何时吃。为了遵守如此多的条条框框，她消耗了大量的精力。她对我说，早餐只吃一小杯酸奶，午餐只吃低热量面包、几片火鸡肉、一个苹果，她感到乏味、无趣。"而且，不只是食物问题。总的来说，我就是感到心累。"她说。她还说，她总是疲于奔命，每天的任务排得满满当当，邮箱里的未读邮件越来越多，而且她时常感到付出多、回报少。希瑟育有两个孩子，她全身心地爱着他们，但他们的需求似乎永无止境，满足他们仿佛是两份额外的全职工作。

我问她："对于饮食和你的总体生活，你想要达到何种状态？"

"心不那么累、压力不那么大，更从容、更幸福、精神更饱满。我希望你能告诉我，具体要吃哪些食物才能达到这些状态。"她说。

我确实有一些方案，可以帮助希瑟通过食物调节状态，具体来说，我可以引导她重点摄入一些特定的营养物质，从而感到更从容、更幸福。要改变希瑟的生活面貌，这是一个不错的起点，不过它只是一个起点。

放眼食物之外

食物会影响你的状态，这一点毋庸置疑。要调节你的状态，食物这个选择能够发挥强大的力量，而且见效很快，可谓立竿见影，但能够影响状态的何止食物！你在饮食、工作、家庭、运动乃至人生中的状态，是你日常的各种决定总和产生的结果。

不可否认，每一天你都会做几十个有关食物的决定，但是，如果你放眼食物之外就可以看到，你还可以通过其他多种方式主动调节自己的状态。这意味着你要在生活中做出一些不寻常的改变。换句话说，为了达到开心幸福的状态，你可以选择多种食物，但如果你的工作让你沮丧而你又无法摆脱它，那么你就难以达到开心幸福的状态。可喜的是，在你解决这些问题的过程中，食物可以滋养你的身心，调节你的状态，为你补充力量与精力。

当你的各种选择相互协调、相辅相成的时候，你就会自然而然地达到目标状态。那时，你会感到无比骄傲，因为你的食物与你的活动达成了统一，一切都是步调一致的。

在与希瑟第一次谈话期间，我向她提出了那个屡试不爽的问题，这也是我对其他所有学员提出的问题："你是否愿意尝试一些新事物，一些与食物完全无关的新事物？"

希瑟说她愿意，但有一件事情无论如何也不能受影响。

"每天下午三点我必须喝一杯打发奶油焦糖拿铁，你绝对不能干涉。"她说。

每天下午三点，希瑟都会去附近的咖啡店点一杯符合自己心意的咖啡：脱脂奶、打发淡奶油、3 份意式浓缩咖啡、少量焦糖。她对我说，她每天"必须"喝一杯咖啡，我问其中的缘故。

"怎么说呢，孩子们下午三点半回家。"她解释说。

"孩子们回家后会怎样？你会有何感受？"我问。

希瑟停顿片刻，思考我的问题，仿佛从未有人要她坦诚地讲出她对这件事的真实感受。

"我……感到很累。"她抬起头看着我，明显在想我是否认为她不爱自己的孩子、是一个不称职的母亲。"下午三点半时，我已经忙了大半天了。那时，我已经为他人做了很多事，已经精疲力竭了。有时我感觉，别人从来没有为我做过什么。这时，孩子们又该回家了，整个晚上我都要围着他们转。我再也没有属于自己的时间了。"

"那么下午三点半时，你想要何种感受？"

希瑟沉默了几分钟后说："被尊重的感受。"

在希瑟的心中，生活是这样的："我每天忙忙碌碌、身心疲惫，但没有人能为我做些什么。下午三点半是一整天中我唯一能够感到享受的特殊、美好时刻。这是我叛逆的一面，我也要享受。这一刻只属于我自己。我必须享受一下，这是我用辛苦换来的。"

从这些话语中，我们发现了希瑟的食物故事中的一个重要线索。她总是感到疲惫、得不到尊重、感到脆弱，于是渴望某种回报以暂时压抑这些感受。所以，问题不在于下午三点半喝一杯咖啡，而在于这杯咖啡并不能触及她身心疲惫的根本原因。

"如果你爱喝打发奶油焦糖拿铁，你可以喝，我支持你。"我对她说，但同时我对她提出一个建议，希望她尝试其他方式，不要只在每天下午三点半，而要在每天的各个时间段都营造特殊时刻，使自己感到付出后能够得到回报。

对于我的建议，她似乎有些顾虑，但答应我会试一试。起初，她做了一些小变化，如早晨不再只喝乏味的原味酸奶，而改为喝色彩艳丽、营养丰富的思慕雪（参见第 201 页"你的大碗怡情思慕雪"）。这类小变化逐渐给希瑟带来了真正的转变！这不仅仅是维生素摄入量方面的转变，她对食物产生了长久以来从未有过的热情与期待，而这又使她能够接纳食物以外的其他改变。希瑟开始看重带给她愉快的活动，以及在繁忙的时候坐下来，慢慢地享用午餐的过程。

几周之后，发生了一件微小而神奇的事情。

"今天我没喝打发奶油焦糖拿铁。"她在一次随访中说。

"是吗？"这正是我期待的，虽然我为她高兴，但我尽量克制自己的情绪。"有没有感到不适？你感觉如何？"我问。

她无所谓地耸了耸肩，骄傲地说，"没有，完全没有不适。我就是不想再喝了。"

希瑟的心中出现了一个显著的转变，这个转变又产生了涟漪效应，使她的日常行为与选择也开始转变。她的状态有所好转，总体的生活质量也随之提升。她有了新的食物故事，或者她有了新的饮食观念："人生在世，是一种福分。现在许多人都尊重我，我也开始尊重自己。为我带来美好体验的不再是唯一一种饮品，也不再是一天中唯一的一个时刻。我可以想方设法呵护自己，时刻感到精力旺盛、开心幸福。"

就这样，希瑟书写了一个新的食物故事。希瑟的改变还不止于此。她再接再厉，又对自己的生活方式做了一系列调整，开始有了焕然一新的感受。原先沉重的疲惫感正在逐步离她而去，食物带来的压力也逐渐烟消云散，连她的眼神都变得更有灵气并流露出活力。她开辟了新方向，在厨房中找到了乐趣，开始喜欢烹饪带来的快乐，并渐渐地在生活的方方面面都感受到了幸福。

问自己一个问题：我想要何种状态

那么……你想要何种状态呢？

不只是你在饮食中的状态，还包括你在日常生活中的状态。

对于事业你想要何种状态？对于各种人际关系与家庭生活你想要何种状态？陪伴孩子们的时候你想要何种状态？你想要何种家庭氛围？对于你的身体，如皮肤，你想要何种状态？每天的生活中你想要何种状态？

认清自己想要的状态只是第一步。第二步是思考通过何种方式获得这种状态，也许是通过食物，也许是通过饮品，也许是通过你参加的活动。

举个例子，假如你想要身材更加性感，那么除了选择带来感官满足的食物之外，你还可以报名参加舞蹈课，在外衣里面穿着诱人的内衣、给爱人一个惊喜（或者只是为了自喜自悦），或者花些时间美发、化妆。

也许你想要在厨房里感到从容镇定，那么你可以浏览美食博主的帖子，从中选定一道菜试试手艺，这道菜不但要色香味俱全，而且还要包括使你从容镇定的营养物质，如富含 omega-3 的三文鱼、新鲜的浆果、绿叶菜，或者你还可以饮一杯薰衣草茶。在这个过程中想一想，为了达到从容镇定，你还可以做哪些事情。也许可以把手机留在家中或车里，在周边的公园或小区里静静地走上一段路；也许可以让家中的猫咪、小狗趴在你的腿上，抚摸它们；也许可以听一听舒缓的音乐，或者静思；如果家人让你感到身心疲惫，也许还可以给他们立一些规矩。一切由你决定！

对新鲜事物保持开放的态度，同时思考前文中有关支持 7 种重要状态的建议。将色彩斑斓、能够提升状态的特定食材通通请上餐桌，然后再通过下面的有益心情的活动增强效果。这两方面协调一致，就会帮你实现目标状态。

开心幸福

- 大声播放你最喜爱的歌曲，如果能随着音乐一起唱，会获得额外的裨益！
- 观看喜剧节目。
- 晒一晒太阳。晒太阳可以提高人体内血清素的含量。

专心致志

- 手机调至静音，排除干扰。
- 播放古典音乐，如莫扎特的作品，人们认为古典音乐能够提高注意力。
- 念诵积极向上的口头禅，净化心绪，如"我的注意力在当下""我要关注手头的事情"。

容光焕发

- 快步行走，让身体自然而然地微微发热。
- 在整个面部揉搓一个小冰球，激发肌肤活力。
- 利用你的一技之长，有所作为，感到自己由内而外地焕发光彩，如传授知识、写作，传授技能，传播力量。

坚强有力

- 做一次正式的锻炼，或者简单舒展一下身体，如做瑜伽或者 10 个快速俯卧撑。
- 助人为乐，对他人的生活产生积极的影响。
- 放声大笑！大笑能够减少人体内应激激素的含量，同时提高免疫细胞含量与染病抗体含量。

舒心自在

- 适当怀旧，回忆童年往事，如回忆儿时爱看的电影。
- 读一本风格平和的书，书中不要有让人不适的情节或暴力情节。
- 联系你喜欢的人、交流感情。可以发信息、打电话、视频聊天，或者准备一些小礼物寄给你喜欢的人。

感官满足

- 用喜欢的身体乳，自己做一次简易按摩。
- 做一次深层护发。
- 出门前，多花一些时间选择能够提升皮肤舒适度的衣服。

从容镇定

- 点一根蜡烛，换上最舒适的家居服。
- 聆听大自然的各种声音，如雨声、波涛声、鸟鸣。
- 清理周围环境，或者删减日程安排，取消非必要的计划，减轻负担，在心中留出空间（这可以带来立竿见影的缓解效果）。

时常问候自己

找时间问候自己，看自己的实际状态与目标状态是否一致，如果不一致，想办法予以改变。如果你不留意自己的实际状态，原先对身心无益的执念与习惯就会卷土重来，使你前功尽弃。所以，要时常问自己："我想要何种状态？""为了获得这种状态，我可以做什么？"

采取主人翁的姿态

如果时常问自己"我想要何种状态"，那么你的食物选择与其他方面的决定就会自然而然地营造出你的目标状态。你会重获内心力量，重新做主，引领你的状态与生活体验，而不是绝望、无助，束手无策。你将承担责任，为自己谋幸福，做人生的主人翁。

个人备忘录：我想要何种状态

制作一份个人备忘录，将能够提升状态的习惯记下来以备随时查阅。

让你开心幸福的习惯：

_____

_____

_____

让你专心致志的习惯：

_____

_____

● 让你容光焕发的习惯：

_____

_____

_____

● 让你坚强有力的习惯：

_____

_____

_____

● 让你舒心自在的习惯：

_____

_____

_____

● 让你感官满足的习惯：

_____

_____

_____

● 让你从容镇定的习惯：

_____

_____

_____

第 4 章

书写新的食物故事

FOOD

STORY

将自己作为首要关爱对象

"我总是优先考虑他。"希拉里在一次咨询中说道。希拉里是公司高管，她带领一个庞大的团队，似乎承担着无穷无尽的职责。在外人眼中，她已经攀上了事业的巅峰；在生活中，她养育了两个孩子，是典型的贤妻良母。总之，她已经突破了常人可触及的高度；然而，在她的内心中，似乎若有所失。在她的记忆中，她始终把事业和家庭放在首位，却忽略了自己的感受。她已经忘记，优先考虑自己、哪怕只是偶尔优先考虑自己是什么样的一种感受。

"如果能有时间做一些我真正喜欢做的事情就好了。"她对我说，"那样，我就能参加在线锻炼课程了。我最近报了名，但一直没能参加锻炼。此外，如果偶尔和闺蜜晚上一起逛逛街，也很好呀。"有时，当她挤出时间做自己的事情时，会有负罪感。"似乎应当将那些时间与精力用在别的事情上。"她说。

希拉里与许多女性一样，屈从于命运的安排。她形成了真正的讨好型人格，她思前想后，考虑所有人、所有事，就是不考虑自己，但在内心深处，她知道，如果她努力，她完全有能力变得更健康、更开心、更好。她还知道，羁绊她的只有自己。

让我们正视现实吧。也许你和希拉里一样，已经知道如何才能感到更幸福。无论是多饮水、早入睡，还是挤出时间做运动，总之，你知道，如何才能由内而外地感受到幸福。然而，即便你非常在意自己的身心健康，这些关键行为多半会半途而废。

生活中有太多的任务需要你完成，而你所想的往往是他人，而不是自己。然而，如果你自己的根基不牢靠，你就会垮下去，你的故事也就随之结束了。因此，你的故事情节该出现转折了！此时此刻，你该下定决心迈出重要的一步，像关爱你的孩子、伴侣及好友一样关爱自己的身心。

下文是一些食物故事的基础素材，可以帮助你将自己——你的身心作为首要关爱对象。当你关爱自己及自己的内心世界时，产生的效果将惠及你的外部世界，对你的家庭、人际关系、事业，甚至食物选择产生积极的影响！

食物故事的基础素材

1. 大胆地拒绝

要获得健康、幸福的生活，就要学会拒绝。许多女性没有认识到，拒绝就是接受——你接受的是你自己及你真正在乎的人或事。这是本书奉献给你的一大法宝，而且肯定不是我们习以为常的做法。

当有人邀请我们参加一场我们不感兴趣的活动时，或者要求我们完成一项我们不愿做的任务时，拒绝他们并不容易；但如果那是我们感兴趣的活动或者愿意做的任务，那么拒绝他们则更难。你很想与朋友见面、感受市中心的夜生活，或者与他人洽谈业务，或者去看一场期待已久的电影的首映。但你很清楚，如果你这么做的话，你就没有足够的精力再全身心地投入其他事情中。如果你无法全身心地投入其中，那么还值得为它花费时间吗？当你特别想接受一件事，但又知道不应当这样做时，要拒绝，这样做可以保持理智。同时，你不会过度分散自己的精力，导致工作与生活一团糟，甚至无法关爱自己！相反，如果你没有能力满足他人的要求，但又接受了这个要求，你会心生怨恨，很少有人愿意带着这种情绪生活。

不要忘记，你有选择权。你可以接受，也可以拒绝，但不要不假思索地接受。

如何大胆地拒绝

- **听从你的直觉**。你是否总在事后后悔，"要是听从直觉就好了"？当他人要我们做一件事而我们很清楚自己不应当做这件事时，我们往往会忽视心中渺小的声音或者耸起的肩膀。问候自己，注意身体发出的呼声。它是否在说"当然要接受了"，如果是，那就大胆去接受吧。但注意，不要忽视这些初期的直觉。

- **评估自己的能力。**接受新鲜事物之前，认真评估现有的责任与义务。你是否有额外的精力接受新鲜事物？接受新鲜事物后，你会不会感到烦躁？
- **把真正想做的事情写下来。**想一想，如果没有接受新鲜事物，那么生活会是何种面貌。想一想，如果拒绝新鲜事物，那么你会如何利用空出来的时间。也许你可以做一些备餐，甚至去逛逛超市。如果利用这段时间接受新鲜事物是正确的决定，那么你的内心自然会知道。

2. 安排一场入睡仪式

睡眠是一种"营养丰富的超级食物"。美国心理学会（American Psychological Association）认为，我们每晚多睡 60~90 分钟，会更幸福、更健康。当你休息充分时，生活的各个方面就会自然而然地好起来。

然而，美国疾病预防控制中心（Centers for Disease Control and Prevention）指出，35% 的成年人没有足够的睡眠时间。长期缺乏睡眠会导致免疫力下降，新陈代谢功能变慢，使人更容易感到紧张，体内皮质醇含量升高，注意力不集中，使人暴躁、易怒，等等。个体缺乏睡眠时，体内会分泌胃饥饿素，进而刺激食欲，同时阻碍人体分泌凝集素，使个体感受不到饱腹感，破坏体内自然的食欲调节机制。你是否想过，当你感到疲惫时，为何想吃糖和碳水化合物？这是因为你精疲力竭的身体想要快速补充能量。

令人欣慰的是，如果你每天都有 7~9 个小时深度睡眠帮你恢复体力，你的身心健康状况就能得到极大的改善，而且你的外在与内在都能最大限度地焕发出活力。高质量睡眠的秘诀就在于要有一个长期坚持的入睡仪式。只需要 20 分钟，紧绷一天的神经就可以松弛下来，并向身体发出信号：该睡觉了。

如何安排一场入睡仪式

- **在上床前做一些放松身心的活动：**做一个简单的瑜伽动作——靠墙倒箭式，调节神经系统、让身体的副交感神经系统产生放松与消化反应；或者洗一个温热的泡泡浴，褪去一天的紧张情绪。

- **前一天晚上准备好第二天早晨的工作**：提前准备孩子的早餐或午餐，为自己多争取几分钟的睡眠时间。做一顿即食早餐，或者提前为吐司准备好各种配菜。同理，还可以提前准备好运动服、上班要穿的衣服、包，使自己随时可以出发。
- **睡前写日记**：如果你的大脑在晚上较为活跃，那么你可以花几分钟的时间写日记。静静地坐下来，写下这一天收尾时的想法，这个习惯看似简单，却能将大脑中残留的事情留在纸上。
- **闻一闻薰衣草的香气**：将薰衣草精油轻轻点在枕头上或者使用香薰机。研究证实，薰衣草的香气可以即刻缓解紧张情绪，促进深度睡眠。
- **按预定时间将所有电子设备关闭**：电视、电话、计算机屏幕发出的光会使大脑保持活跃。就像你安排孩子在某个时间点睡觉一样，你也应当安排所有电子设备在某个时间点关机，比如睡前半小时。

3. 以动代药

无可争议的是，为了保持良好的精神状态以面对每一天（乃至一生），最好的办法莫过于以适合自己的方式做运动，哪怕只有片刻的时间也可以。运动时，可以调动淤积的能量与情绪，使人体分泌奇妙的天然化学物质（如内啡肽），使你活在当下，充满活力，由内而外地得到治愈。

你可以通过多种方式进行运动，如参加健身课，长距离散步，带着狗远足，等等，如果你愿意，还可以花几个小时给房间做大扫除，或者跑来跑去、与孩子玩捉迷藏。只要能让你感到开心就好。

每天挤出时间做运动的过程是与身心建立情感联结的过程，它不是义务，也不是任务。一旦动起来，你就不会后悔。运动是调节状态的最有效方式，这是无可争议的。在运动过后很久，你依然可以感到幸福、充满活力！

如何以动代药

- **安排运动时间**：即便再忙，也要留出运动时间，将运动视为一场重要的约会。
- **将运动视为奖励**：如果工作非常繁忙，又有各种家务缠身，那么就将日常运动作为保护对象和一片"自留地"。将运动视为努力工作、关爱家庭后的自我奖励，这样日常运动就产生了一股神奇的力量，吸引你投入运动中。

- **想象运动后的状态**：体会运动后的感受，让大脑形成新的神经通路，养成长期习惯。例如，高温瑜伽课结束后坐在车里，这时要大声说出"练习高温瑜伽真痛快"；或者长跑后沐浴时，对着沐浴露说"跑步真棒"。这会给你留下记忆，使你记得要坚持运动。

4. 多饮水

人体的 65% 和大脑的 73% 都由水构成，所以当我们补充足够水分后会感到舒适。但如今我们的生活节奏太快，并且过于繁忙，很容易忘记饮水。即便知道要在一天的各个时间段内饮水，我也很难做到这一点，而且据我所知，许多人都是如此。当我问学员们的饮水量时，大多数人会说"应该多喝一些"。

水是生命之源！当我们补充充足的水分时，皮肤就会更有光泽，我们会感到更有活力，思维更敏锐，免疫力更强，莫名的渴望随之消失。水分摄入是否充足确实会对人们产生很大的影响。如果你有意愿改善自己的饮水习惯，但又难以喝下 8 杯水，这里有大量简单、有效的方法，帮助你补充足够的水分。要获得饮水的各项益处，同时又无需时时计算还要喝多少水才能达到标准，只需要一点创意和干净的饮用水即可。很快，你就会找准方向，做最富有活力的自己。

如何多饮水

- **选择含水量高的食物**：如番茄、西瓜、桃、各种浆果、黄瓜、樱桃、柿子椒、萝卜、西葫芦与胡萝卜。这些食物会提供充足的水分以及重要的维生素和矿物质。果汁、思慕雪、各种汤既美味，又能为我们补充水分。
- **增加丰富的口味**：自制果味水，让普通水变成"神仙水"。简单加一些浆果、西瓜、薄荷叶、柑橘片或者其他任何组合。养成习惯后就再也不会为饮水发愁了。
- **随身携带一个水杯**：要想在一整天的时间里随时喝到水，最简便的办法就是无论去哪都随身带一个水杯。
- **净化饮用水**：为了增加饮水的益处，要注意饮用最干净的水。美国公益组织"环境工作组"（Environmental Working Group）建立了饮用水数据库，我们可以从中了解饮用水中的污染物信息。作为委员会成员，我深知多年来环境工作组为建立这个数据库开展了大量工作，从全美 50 个州将近 5 万个供水公司收集数据，记载了 250 余种污染物，同时向公众提出相应的安全饮水建议。我建议你饮用过滤掉了这些污染物的干净水。

5. 亲近大自然

在你的记忆中是否有这些场景：站在雨中淋雨；光脚踩泥坑；看着阳光穿过繁茂的树丛并留下斑驳的树荫；纵情跳入水中，或者丢下手机去户外散步。我们是宅在家中的一代人，许多人的大部分时间，比如每天有 20 个小时都窝在室内。

走到室外，亲近大自然，哪怕每天只有几分钟的时间，也能使你思虑过重的大脑立刻变得清爽，身体也会放松下来。研究表明，置身于树木、花草与阳光中，能够促进人体分泌多巴胺与血清素等神经递质，帮助我们应对焦虑、减轻压力。

你是否认为要体验大自然的美好、享受大自然带来的裨益，就要跋山涉水？其实不然！即便是在大都市的中心，也有绿茵茵的草木。我住在美国华盛顿特区，并且已经在特区中发现了我的一片天地。我几乎每天都要去这些使人平静的地方，有时我会在慢跑途中经过这些地方。渐渐地，我的内心发生了彻底的转变。所以，找个时间出去走走！抬起头，让阳光洒在你的脸上，感受周围世界的美好吧。

如何亲近大自然

- **坚持每天散步**：每天散步 20 分钟就可以显著降低体内皮质醇含量，一周就会有将近 2 个半小时享受户外运动的益处。可以在早餐前、午休时间或晚上安排散步。如果你觉得自己没有时间，那么下次浏览社交媒体软件或看电视时考虑一下这个问题。你可以将这些时间用于快步走。
- **安排边走边谈的会议**：开会时，请同事们不要坐在会议室中，而是到户外去。

如果是电话会议，可以带上你的手机去户外。

- **将日常小事安排在户外做**：天气允许的情况下，一些室内活动可以轻松地转移至户外，边做边呼吸新鲜的空气，如可以在公园的长凳上吃午餐或者在门廊上喝杯咖啡。
- **安排户外活动**：可以尝试"精致露营"，这是一种更为精致的露营方式，也可以徒步旅行、划皮划艇、划独木舟、骑马或者做其他任何事情。要记得把各种电子设备留在家中！
- **买一些鲜花**：为家里买一束五彩斑斓的鲜花或者一些容易打理的室内观赏植物，增添一抹大自然的靓丽。虽然这比不上户外活动，但研究表明，即便室内只有星星点点的自然元素，也可以立刻减轻压力、提升状态。

6. 脱离电子产品

不需要每周 7 天、每天 24 小时脱离电子产品，而只需要从心理上脱离电子产品。实际上，智能手机与其他科技产品的设计初衷就是使我们上瘾，无休止地浏览、查看并回应信息。一项研究发现，我们每天平均要拿起手机 58 次！

手机会使我们分心，它不仅使我们忽视当下身边的人，尤其是我们所爱的人，而且还使我们忽视当下的自己。我们越分心、越忙碌，往往越不会关爱自己，越不会将自己的身心健康放在首位。放下手机、关掉邮箱或社交媒体的消息通知，短暂地休息一下，就能为你生活中的重要人物——你自己——多争取一些空间，这也是最快、最切实可行的方法。

每天，利用这些脱离电子产品后空余出的时间为自己补充精力，与自己及他人恢复交流。

如何脱离电子产品

- **放下手机**：与手机拉开一定的空间距离，这是一个可靠的方法，可以为你营造脱离电子产品的时间，使你随心所欲地做其他任何事情。我个人的做法是在进餐时，将手机正面朝下放在另一个房间里。白天的时候，你也可以短暂地脱离电子产品：把手机留在办公桌上，在工作的地方周围快速走一圈；或者当你在健身房锻炼时，把手机锁在储物柜里。

- **选择一些不使用电子产品的活动**：当你做下犬式瑜伽动作时或者与家人一起骑车时，很难有机会看手机。有意识地将一些不使用电子产品的活动安排到一周的计划中，你就能活在当下，享受身边的人带给你的快乐。
- **关闭网络**：每周选一天将网络信号关闭几小时，或者周末去山里度过。
- **习惯使用飞行模式**：完全扔掉手机也许不现实。那么每天选一个时间段，屏蔽手机上的所有消息通知。可以从下一顿饭开始，循序渐进。

7. 每天都要玩

玩极其重要，它能够滋养身心，使我们的生活更轻松，营造开心快乐的空间，改善我们的认知功能，让我们认识到自己天真的一面。玩是为了调动我们的主动性，使生活更加丰富多彩，享受生活的点滴美好，而不是对着无穷无尽的工作埋头苦干、永不停歇。要知道，你做的事情中不是每一件都能让你感到有成效，而且玩并不是偷懒耍滑！

有很多方式可以给一天增添一些孩童般的趣味，减少一些成年人的严肃。当然，有些场合需要严肃对待，但即便是忙得不可开交的一天，也可以容纳一些快乐和提升状态的内啡肽。这种时候就是"玩"大显身手的时刻。

每天如何玩

- **跟着节拍摇摆**：要舒缓压力、忘掉烦恼，而且要立即见效，那就在午餐时或者吃点心时安排一场小型舞会，或者在你烹饪时播放一些背景音乐。大胆一些，自己做 DJ，想要调节状态时就播放喜爱的乐曲。（参见第 151 页"开心幸福的小仪式"。）
- **灌输童趣**：当你现在纵情体验童年时期的乐趣时，就为心中灌输了童趣。在你爱吃的吐司上抹一层厚厚的坚果酱或其他果酱，再点缀一些新鲜水果或其他营养丰富的食材，就做成了一份漂亮的、大人版的花生果酱三明治（参见第 177 页），你是不是有种久违的感动呢？你还可以做一盘纯素食奶酪通心粉配奶油南瓜酱（参见第 179 页）。
- **去家乡旅游**：假装你第一次来到你的家乡，那就去当地的热门景点一探究竟。以新鲜、好奇的眼光重新观察你的家乡，这会让你感受到前所未有的激动与快乐。

- **勇于尝试新事物**：释放青春难以按捺的热情，接纳新奇的感受。在菜市场选一种从未吃过的蔬菜，大胆地做一盘新鲜的菜肴；你还可以改变一下环境，如将笔记本电脑从写字台上搬到家里的露台上、后院里或者常去的咖啡馆里；还可以拿起彩笔在一本大人涂色书上尽情地涂色，不要被图画的线条所限制！

8. 欣赏生活中的点滴

告诉你一个秘密：学会欣赏生活，生活中就会出现奇迹。此外，研究表明，保持敬畏之心有益健康，甚至能缓解炎症。你会发现，当生活中多了快乐与感恩后，你不仅会更加注重当下的生活体验，而且还会越发热爱这场转变之旅。

有时，我会留意生活中的点滴小事，如坐在窗前迎着朝阳，慢慢地饮用抹茶拿铁。这时，我总能体会到生活的意义与内涵。学会欣赏生活，你看到的就不再是事物不好的一面，而是事物积极的一面。你会与自己的内心交流，变得更乐观。学会欣赏生活你就有了基础，就能实现精神的极大丰富，就有机会创造更多的美好时刻，感到舒心、惬意。

如何欣赏生活中的点滴

- **睁大眼睛**：留意日常生活中的点滴小事：芬芳的花草、多彩的蔬果、身体的姿态、柔软的新被褥。当你开始注重这些点滴小事时，你的生活就会充满奇迹。
- **留意自己动心的时候**：观察身体的反应，如双肩放松下沉、莞尔一笑、心中模模糊糊地感受到一股暖流或者其他让你感受到活力的事情。
- **写日记**：每天记录三件让你感到惬意的事情，注意前后不要重复，这样你就不得不睁大眼睛，从平凡中寻找神奇。

9. 带上你爱的人

也许你会想，你要独自完成这场转变之旅。也许生活中有一些人，他们不支持你转变，也不支持你做的决定。也许他们还会想方设法地阻挠你（食物杂音警报）。也许你的伴侣、孩子和同事会产生戒备心，感到被你拒斥，或者完全不知道如何面对你的转变。这时，你可以为他们指引方向，积极主动地请他们与你一起做有益健康的活动，这是双赢的选择：你能够与亲近的人保持情感联结，而他们能够得到启发，从食物与进餐中得到滋养，并且内心变得强大。也许他们还能重新书写自己的食物故事。

当然，这个过程并不会一帆风顺。过去 20 余年间，我一直在说服我的两个儿子和我的丈夫支持我的新食物故事并与我一起追求健康的生活方式。他们时常埋怨我在饭桌上将手机静音，抱怨总是吃抱子甘蓝……而且时常翻着白眼抱怨"哎呀，妈妈！你真讨厌。"但我们一起去菜市场，一起挑选食材，一起制定食谱，甚至在厨房里挤来挤去地"争地盘"，久而久之，食物给我们一家人带来了自在与快乐。你不必独自完成这场转变之旅，当你与所爱的人一起出发时，食物的故事会更有滋味、更加美好。

如何带上你爱的人

- **身教胜于言传**：没有人喜欢被指挥，更没有人喜欢被唠叨，所以我们要以实际行动示人。如何做到这一点呢？很简单，在生活中，做一个快乐、充满活力的人，知道如何与自己的身体交流、如何通过取舍来酝酿自己的目标状态。要记得，热情会传染，所以要大胆地传播你的热情！让亲朋好友看到，你对自己新的食物故事抱有极大的热情，他们自然会得到启发，也会对你的食物故事产生热情。
- **找到乐趣**：在日常活动中添加一抹新意。下次你的妹妹约你品酒时，建议她和你一起散步；还可以邀请你的闺蜜来做客，与你共同享用一顿别具风味的、以植物食材为主的菜肴；还可以与闺蜜一起去郊区农场体验采摘的乐趣。
- **为自己的选择感到骄傲**：要对自己新的食物故事充满信心。要记得，你的内心更强大了，你更有活力了，而且你在为他人做榜样。身边的人会对我们的言行产生正面或负面影响。我们知道，照料者的观念、习惯与言行会对儿童产生潜移默化的影响，但我们还应知道，同龄人与家人也会对成年人的言行产生影响。如果你希望自己、伴侣、子女、朋友、同事和邻居具备哪些正面品质，那就做出表率。

10. 做生活的有心人

做生活的有心人是指，你要知道，自己的选择会对这个星球产生直接影响，通过选择可持续的生活方式，你会改善子孙后代的生活品质。此外，当你想着环境及自身行为对社会的影响时，就会从琐碎的日常生活中超脱出来，抱有更广阔的心胸。当你放眼世界，想要保护这座美好的星球时，你会感到，能否多吃一些薯条或者大腿粗细的问题已经不那么重要了。你的眼界放宽了，见识也会随之增长，知道真正重要的事情是什么。

也许你会想，"我都不知道如何开始"。其实，读这本书时，你已经开始改变自身的习惯了。做一个有心的消费者意味着你的选择不但要对自己有益，而且还要对这个星球有益。养成保护环境的生活习惯与重新书写食物故事一样，是一个过程。与改变思维模式和饮食习惯一样，我们首先要培养意识，意识到自己想要改变，毕竟，改变不会一蹴而就。它与一切改变一样，也要一步步地循序渐进。

如何做生活的有心人

- **三思而后行**：常常思考以下问题并养成习惯，"做这件事有没有更环保的方法"。有一些小事例，如用玻璃罐而非塑料瓶，这样玻璃罐就有了第二次生命；少用一次性物品；少驾车、多走路或骑行，减少二氧化碳排放量；尽量完整地利用农产品，避免浪费；买咖啡时，用自己的可重复使用的水杯。很快，环保意识就会融入你的内心。

- **多吃蔬菜**：为了减少现代畜牧业对环境的影响，尝试每周用植物蛋白替代一些动物蛋白。最重要的是，多摄入蔬菜不仅对地球有益，而且还对你自己的健康有益！

- **反思自己的购物习惯**：我们很容易不假思索地购物。如果一样食材用光了，不要立即去买这种食材，而要看看是否可以利用家中现有的其他食材。购物时，不要因为一件商品的包装有趣或者它正在搞促销就选择它（这是指不要冲动购物）。想一想自己的真正需求，你会突然意识到，很多商品都没有用处，可以不买。当你真正需要买某种商品时，可以选择具有环保意识的品牌。由于我们的社会提倡信息透明化，所以只要在网络上搜索一个品牌的官方网站，就可以查找到其企业宗旨以及所做的环保努力，这样你就可以为了地球的健康做出明智的选择。

- **选择本地的应季食材**：如果有哪位读者是我现实生活中的好友或者和我在社交媒体上有交流，那么他一定知道我一直在提倡去菜市场选购食材，以这种方式支持本地的农业发展。自从我开始尽可能地选择本地的应季食材，我对食物以及土地产生了一种前所未有的感情，同样，你也可以产生这种感情！如果你选择本地的应季食材，你不仅能够感到自己与环境之间存在情感联结，而且还可以减少运输、冷冻、包装食材所需的能源，降低环境成本。你知道吗，水果和蔬菜在刚刚采摘下来时才是最有营养的。每过一个小时，它们就会损失一些营养价值。采摘一周后，蔬菜中的维生素 C 就会流失 15% 至 77%。因此，选择本地的应季食材对你和地球都更有益。

你已经熟悉了食物故事的基础素材，现在可以将它们应用于日常生活中。要循序渐进，不要一下子开足马力，否则你会精疲力竭、一无所获。为了改变你的食物故事，进而改变你的生活，要把你自己以及你的健康作为一个主角。要做到这一点，就要坚持优先考虑自己！

写下新的食物故事

至此，你一定有许多心得。

你已经探究了自己当前的食物故事以及它的由来。

你已经知道了自己的生活中存在哪些食物杂音，还知道如何排除这些干扰因素。

你已经知道，轻松惬意、全神贯注地进餐可以带来巨大的益处，同时，你还知道如何简单、快速地从每顿饭中汲取营养。

你已经知道，食物与状态之间存在奇妙的联系，同时，你还知道如何通过选择食物达成你想要的状态。

你的心得已经不局限于食物。你认识到，通过饮食调节状态后，还可以通过调节生活方式将收益进一步放大。

你已经开始思索如何将食物故事的基础素材融入日常生活中，收获幸福、健康的人生。

你已经开始设想一个新的食物故事、一种新的生活，它是如此简单、从容、快乐、滋养身心，你会优先考虑自己。

万事俱备，只差一个美好的故事。

现在，这个重要时刻终于到来了！现在，你该真正地行动起来，写下新的食物故事了，那是一个正面的、为你赋予内心力量的故事，你迫不及待地想要融入其中。在这个故事中，你会倾听自己内心的声音，并重获主导权，自主决定如何认识并对待食物。这是一个契机，可以重新定义所谓的"有益"和"有害"食物。

写下新的食物故事，也就夯实了你对食物的新感受、新认识、新习惯。你的美好新生活也就随之浓缩为一篇短文。

你也许会想，"是真正意义上的'写下来'吗？我已经把旧故事写下来了。只在心里思考新生活可以吗？"

要放弃旧故事，就要把它写下来，同样，要认清你的设想、充满活力地实现它，也要把它写下来（或者敲在电子设备中）。研究证实，当我们将自己的目标写下来时，这个目标实现的可能性会显著提高。写作的过程会在你的脑海中留下有力的印记；在神经科学领域，这个现象称为"编码"。写下来增加了成功的机会。《英国健康心理学》（*British Journal of Health Psychology*）期刊发表的研究表明，每周将锻炼时间和地点写下来的人中，有91%的人会按计划去做。所以，如果你真想要改变自己与食物的关系，就不要忘记你是你的故事的作者，你可以随时轻轻松松地改写它。

新的一天

　　如果让你想象自己的后半生或者未来不再为食物而纠结的样子，可能会显得很突兀。那么先想象一下，新的一天该有何种面貌，以及你该有何种状态。闭上眼睛，开始设想那一天你会吃什么？你的内心声音是什么？你是否感到自信、骄傲、充满勇气？这些感受是如何产生的？

　　例如，那天早晨你起床后，也许会播放一首欢快的音乐，你坐在阳台上，迎着朝阳吃大碗幸福早餐（参见第 144 页）。也许那天你会凭直觉做决定，从而感到一份自由，因为你不会受到一系列"应当"与"不应当"的羁绊。也许那一天的各个时间段中，你都能欣赏到生活中的点滴美好，每一次你都会用 5 分钟的时间想一想自己取得的胜利，为自己取得的长足进步感到骄傲。也许那天是一个特殊的日子，你安排了一些庆祝仪式——巧克力蛋糕等，而你丝毫没有为食物感到内疚。也许那天你约了闺蜜一起去新开的餐厅就餐，谈谈自己的近况，如工作、家庭或者某件高兴的事，而完全没有提到最新潮的排毒方法或者清肠果蔬汁。

　　这些时刻编织成了你的新食物故事，在内心中体验一下这些时刻，为之兴奋吧！这是一个契机，你可以摈弃所有的规矩和借口，迎接崭新的未来。想一想："在新的一天中，我想要做什么？哪些时刻会让我感到内心强大、充满活力？"将眼光放长远一些。你想要过长久、健康、蓬勃向上的一生，对不对？

　　如果你一时想不出具体的时刻或活动，那么就专心想想，你想先体验到哪些状态。例如，也许你想要感到坚强有力、内心强大、容光焕发、积极进取、富有爱心、开心幸福或者平和安宁，那么，哪些活动可以帮你酝酿这些状态呢？如果想让新的一天及新的食物故事中包含这些活动，那么就把它们写下来。

　　我建议你采用现在时态写作。例如，不要写"我希望有一天醒来后，会感到神清气爽，然后还会做一顿五颜六色、营养丰富的早餐，希望这一点尽早到来"，而要写"我每天醒来都感到神清气爽，而且每天都做一顿五颜六色、营养丰富的早餐"。现在时态的语言会使新的食物故事产生即时性，仿佛是眼下你每天都在做的活动，而不是未来你希望做的活动。

通过以下写作提示想象在新的一天中还可以安排哪些活动，然后组织你的想法、写出新的食物故事。不过，不要让你所写的内容束缚你。这项练习与本书其他练习一样，只是一个起点。你可以放手增删你的故事情节或者改变措辞，从而达到更强烈的共鸣，或者干脆抛开这个故事。你可以听从内心的感受、相信自己的直觉。这是你的故事，只管去做。

我的新食物故事

作者：＿＿＿＿＿＿＿＿＿＿＿＿＿

每天早上，我醒来时都会感到＿＿＿＿＿＿＿＿＿＿＿＿＿＿＿＿＿＿＿＿＿＿＿。

每天早上，我都要＿＿＿＿＿＿＿＿＿＿＿＿＿＿＿＿＿＿＿，从而带着积极的心态面对每一天。

我非常想要进入＿＿＿＿＿＿＿＿＿＿＿＿＿＿＿＿＿＿＿＿＿＿＿状态，为了体验这种状态，我每天都会＿＿＿＿＿＿＿＿＿＿＿＿＿＿＿＿＿＿＿＿。

每天我都会享用滋养身心的饭菜。

＿＿＿＿＿＿＿＿、＿＿＿＿＿＿＿＿、＿＿＿＿＿＿＿＿是我爱吃的一些食物，而且我还喜欢寻觅新食谱与新食材，并通过它们调节状态。

每天我都会按时进餐，所以我不会形成节食减肥或暴饮暴食的不良习惯。

我不会狼吞虎咽地进餐，而是细嚼慢咽，同时调动各种感官体验进餐的过程。进餐时我感到＿＿＿＿＿＿＿＿＿＿＿＿＿＿＿＿＿＿＿＿＿＿＿＿＿＿＿。

我的一日三餐是根据我的目标状态制定的。我不会受到＿＿＿＿＿＿＿＿＿＿＿＿＿＿＿＿＿＿＿＿＿＿＿＿＿＿＿＿＿＿＿＿＿＿的干扰，而会与我的身体交流，从而选择最适合自己的食物，做对健康最有益的决定。

我一直在想我在生活中想要何种状态（开心幸福、专心致志、容光焕发、坚强有力、舒心自在、感官满足、从容镇定等），然后开展相应的活动，从而达到目标状态。

我的健康与幸福是我心中的重中之重。我关注并关爱我的身心状况，这是理所应当的。

食物故事的基础素材是我日常生活的一部分。我会（选择你认为正确的选项）：

☐ 大胆地拒绝　　　　　　☐ 脱离电子产品

☐ 安排一场入睡仪式　　　☐ 每天都要玩

☐ 以动代药　　　　　　　☐ 欣赏生活中的点滴

☐ 多饮水　　　　　　　　☐ 带上所爱之人

☐ 亲近大自然　　　　　　☐ 做生活的有心人

每当我坐下来进餐时，我都会感到＿＿＿＿＿＿＿＿＿＿＿＿＿＿＿＿。

每当我去超市或在家烹饪时，我都会感到＿＿＿＿＿＿＿＿＿＿＿＿

＿＿＿＿＿＿＿＿＿＿＿＿＿＿＿＿＿＿＿＿＿＿＿＿＿＿＿＿＿。

每天晚上放松紧绷一天的神经、准备入睡时，我都会感到＿＿＿＿＿＿

＿＿＿＿＿＿＿＿＿＿＿＿＿＿＿＿＿＿＿＿＿＿＿＿＿＿＿＿＿。

我的生活中已经不再有＿＿＿＿＿＿＿＿＿＿＿＿＿＿＿等旧习惯。
我已经想不起那些过去的情景了。我再也不会感受到它们的重压了。我已经获得自由了。

过去，对于食物，我认为＿＿＿＿＿＿＿＿＿＿＿＿＿＿＿＿＿＿。

然而，我已经改变了。现在，我已经有了不同的认识。现在我认为＿＿＿＿＿＿

＿＿＿＿＿＿＿＿＿＿＿＿＿＿＿＿＿＿＿＿＿＿＿＿＿＿＿＿＿。

对于食物，我感到＿＿＿＿＿＿＿＿＿＿＿＿＿＿＿＿＿＿＿＿＿。

对于身体，我感到＿＿＿＿＿＿＿＿＿＿＿＿＿＿＿＿＿＿＿＿＿。

我知道，我的食物故事总在发展和变化。今天让我满意的选择，也许在几个月后、一年后或者十年后不再让我满意。我不断地与身体保持沟通，不断地问"现在我想要何种状态""我如何体验到这种状态"。我积极主动地做决定，营造我的目标状态与生活。

我为自己感到骄傲，因为＿＿＿＿＿＿＿＿＿＿＿＿＿＿＿＿＿＿。

我爱自己，因为＿＿＿＿＿＿＿＿＿＿＿＿＿＿＿＿＿＿＿＿＿＿。

想到未来时，我感到＿＿＿＿＿＿＿＿＿＿＿＿＿＿＿＿＿＿＿＿＿＿＿＿＿＿＿＿。

用一分钟想想你取得了哪些进步

你已经写下了一个崭新而美好的食物故事。很快你就会注意到，这项重要任务会带给你回报。从现在开始，你的生活翻开了崭新的篇章。实际上，它已经展现在你的面前，你已经开始体验它了。你是这个故事的作者，这个故事是否精彩，就靠你了，你可以凭自己的意愿随时改编它。

一波三折的情节

"我真的不知道如何是好了。周末我们要在一家餐厅为女儿庆祝高中毕业，这家餐厅的多层巧克力松露蛋糕无比好吃，但我一直在严格遵守新的饮食计划，也许我不该订这个蛋糕？"我的学员劳拉对我说。

劳拉的食物故事曾经充斥着克制、节食以及无休止的内疚感。后来，她终于在饮食上变得轻松自在，同时为孩子们做出了榜样，这让她感到骄傲。她不再执迷于所有规矩，也不再因为稍稍违反这些规矩就和自己过不去，而是开始听从身体的呼声。她喜欢上了普拉提这项运动，并满心欢喜地期待每节的集体训练课，但当女儿的庆祝聚会日趋临近时，甜点的问题又开始让她不安。

"这家餐厅的每样菜品都那么新鲜、诱人，而且都选用有机食材，"她对我说，"每逢特殊的日子与重要场合，我们都会去这家餐厅聚餐。"

不过，我们要探究的不是多层巧克力松露蛋糕的品质，而是她为何对甜点忧心忡忡，甚至无法全身心地陪伴家人、享受女儿庆祝聚会的快乐。由于几个月后劳拉的女儿就要离开家去大学独立生活和学习了，所以这个问题对她而言显得愈发紧迫了。

我对她说："在我看来，你有两个选择。第一，订这个蛋糕，而且想吃多少就吃多少，品味每一口的滋味。第二，打定主意，坚信这个蛋糕会对你的身体与状态产生负面影响，所以不订这个蛋糕。总之，不能吃了蛋糕后，又在内心纠结，对吗？"

劳拉认同我的意见。她告诉我，她会认真考虑。下一次谈话时，她兴高采烈地对我说："庆祝聚餐很温馨，饭菜非常可口，甜品也一样。我点了多层巧克力松露蛋糕，和我记忆中一样，蛋糕还是那么香浓松软。我吃了几口之后就满足了。甜品的事情就这样结束了。整晚我都没有再想过这件事，真的很神奇。"

但这并不神奇。聚餐期间，劳拉没有因甜品问题变得忧心忡忡，而是注重当下、陪伴家人。她坚定地为女儿庆祝而没有为饮食问题冥思苦想。她遇事灵活、不刻板，妥善处理了甜品问题，与他人及自己保持情感联结，心中充满快乐、感恩。通过这件事，她学到了一个道理并改变了自己的生活：她不受蛋糕的摆布。

我们的生活中随时可能出现意料之外的困难与波折，但这正是生活的精彩之处！这时不要逃避，将其视为你的新故事的一部分，遇事灵活、不刻板，就会感到游刃有余。总之，保持一份平常心，让食物调节你的生活，而不要让它束缚你的生活。

生活就要活在当下

你是否曾像劳拉一样，为一场活动中的食物问题忧心忡忡，如公司聚餐、朋友聚会、家人一起度假？也许你会因压力过大干脆选择缺席了；也许虽然你参加了活动，但心中一直在计算食物中的碳水化合物与脂肪含量，以至于完全记不得活动的经过。或许期间曾有人将你介绍给部门新主管？也许你已经意识到，即便你参加了活动，却一刻不停地为自助餐桌上的食物忧心忡忡，从而心不在焉，没有全神贯注地投入活动中，这样无异于缺席。

我之所以知道这一点，是因为在很长一段时间里，这就是我的写照。我浪费了许多宝贵的时间，没能专心陪伴家人和朋友，因为我一心想要遵守我的食物规矩。我不但通过严格的规矩自缚手脚，而且没有与他人交流及与亲近的人维系情感。

有一天我意识到，不能再这样蹉跎岁月了，这便是我的食物故事中的转折点。想必你也不愿蹉跎岁月。婚礼、聚会、休假、节日与平日小聚能够从许多方面滋养我们的身心。与所爱的人相互陪伴，生活更有趣、人间更值得，即便在这些时候我们的食物不完美或者偏离了节食计划，依然如此。生活就要活在当下，感受美好！

在这些时刻中，我们有了侧重——保持情感联结，并坚持活在当下而不受饮食观念的干扰。一旦你坚定了活在当下的决心，你就会发现，原来有如此多的方法可以助你一臂之力，尤其当你遇事灵活、不刻板的时候，更是如此。也许你会像劳拉一样，选择一种不完美的食物并享受美味；也许为了心安，你晚餐时吃一大盘沙拉或者一大托盘烤蔬菜；也许你会提前到餐厅看菜单，做好思想准备；也许你会干脆选一个适合大众口味的餐厅。

当然，我们不是每次都能提前计划并深思熟虑。我们无法主导每一件事！有时，在吃喝方面你无法完全按照自己的心意，但没关系。不要在食物杂音中迷失方向。提醒自己，你十分重视人的体验，活在当下比盘中的食物更重要。不要容忍因食物引起的羞愧感。要相信自己能够找回平日的习惯，做回最好的自己。

人生难免不如意

我们都遇到过不如意的事，如失去动力、经历磨难、不在状态、旧习难改，等等。有时，你难免会遇到以下情况：

- 不经意间吃得过饱、感到不适；
- 不经意间午餐吃得太少，下午三点就饥肠辘辘，无法专心工作；
- 不经意间对着电视或手机进餐，而没有专心品味食物；
- 食物杂音再次出现，对你指指点点、纠缠不休（"不该吃这个""你总是虎头蛇尾""你又犯糊涂了"）；
- 对做饭提不起兴趣，所以点了外卖；

● 其他无数干扰因素破坏了你的完美计划。

一路走来，我们难免会遇到这些事情。烦恼总会出现，这并不奇怪！按完美的标准要求自己，不仅违背人的本性，而且会给你带来压力。我们已经知道，压力是营养的死敌，它能将你取得的一切进步化为乌有。

我得承认，我得到的教训是惨痛的。我是典型的 A 型人格，控制欲较强、争强好胜、一生都在追求完美。多年来，我一直在追求不现实、无法企及的标准，尤其在饮食上，直至有一天我如梦初醒，认识到自己因为追求完美而背负了太多压力，无法获得满足感与真正的快乐。从那时起，我开始接纳不如意的事情、体验更现实的食物故事。

这场转变之旅是一次历练，它并不完美。当遇到不如意的事时，汲取经验教训、期待故事中的下一个篇章。

我从不如意的事中汲取了哪些经验教训

今后再遇到不如意的事时，通过以下问题从中汲取经验教训，想方设法使新的食物故事走得更远。

昨晚我睡了几个小时？ 睡眠不足时，我的思维模糊、缺乏判断力，所以，遇到不如意的事时，更容易受到干扰。

上一顿饭是什么时候吃的？ 血糖较低时，要补充甜食或咸味的小吃以提升体内的能量储备。

最近我摄入了哪些营养？是否缺乏某些营养？ 例如，如果我急迫地想吃巧克力，这表明体内可能缺乏镁元素或热量。

最近我是重中之重吗？ 坚持选择食物故事的基础素材，有助于做出有益自己的选择。

是否存在深层次的问题？ 也许我需要对着朋友痛快地笑或哭，或者与伴侣或狗互相依偎一会儿。

疗伤的路不平坦

每一个精彩故事都会有一波三折的情节，在让读者感到意外的同时，还会激发读者的兴趣，使他们继续读下去。同样，疗伤的路也不会那么平坦，路上会有坑洼、岔路，甚至潜伏的困难。新故事中的每一个元素，包括上述元素，都是你成长的机会。一路上要善待自己。要想获得健康，不能逼迫自己，只能关爱自己（希望你能再读一遍这句话）。不要忘记：保持一颗平常心，生活就是活在当下，无论是否如意。

练习：如何保持平常心

对于充分品味生活的问题，我感到＿＿＿＿＿＿＿＿＿＿＿＿＿＿＿＿＿＿＿。我不会再为了某一个"计划"而忽视情感联结。在社会交往中，要活在当下、与他人保持情感联结，要想方设法专注当下、开心、参与其中，不要感到内疚，对此我感到＿＿＿＿。

遇到不如意的事时，我会通过以下方法慢慢地重新开始：

＿＿＿＿＿＿＿＿＿＿＿＿＿＿＿＿＿＿＿＿＿＿＿＿＿＿＿＿＿＿＿＿＿＿＿

＿＿＿＿＿＿＿＿＿＿＿＿＿＿＿＿＿＿＿＿＿＿＿＿＿＿＿＿＿＿＿＿＿＿＿

＿＿＿＿＿＿＿＿＿＿＿＿＿＿＿＿＿＿＿＿＿＿＿＿＿＿＿＿＿＿＿＿＿＿＿

在生活中，如果我的备餐、进餐计划被打乱，或者我不想运动而想补充睡眠，那么我不会苛责自己。相反，我会：

＿＿＿＿＿＿＿＿＿＿＿＿＿＿＿＿＿＿＿＿＿＿＿＿＿＿＿＿＿＿＿＿＿＿＿

＿＿＿＿＿＿＿＿＿＿＿＿＿＿＿＿＿＿＿＿＿＿＿＿＿＿＿＿＿＿＿＿＿＿＿

＿＿＿＿＿＿＿＿＿＿＿＿＿＿＿＿＿＿＿＿＿＿＿＿＿＿＿＿＿＿＿＿＿＿＿

⬤ 当我暴饮暴食的时候，我不会感到内疚或惩罚自己。相反，我会：

_____

_____

_____

⬤ 每当我屈从于口腹之欲时，我不会责备自己。相反，我会：

_____

_____

_____

⬤ 当我发现老故事余烬复燃时，我会提醒自己，这是一场疗愈之旅，所以我会：

_____

_____

_____

接纳情绪化进食

　　有关冰激凌的回忆可能数不胜数：取得好成绩，得到一支冰激凌；赢了足球赛，得到一支冰激凌；未能选入排球队，得到一支冰激凌；离开家去露营过夜前，得到一支冰激凌；还有其他几十种原因，都可以得到一支冰激凌，有时为了庆祝，有时为了慰藉。我仍然记得与兄弟姐妹一起挤在车的后排座位上，又开心又兴奋，父母带着我们去著名的芭斯罗缤冰激凌店吃各种口味的冰激凌，哥哥爱吃香草口味的，妹妹爱吃薄荷口味的，我爱吃丝滑巧克力口味的！

　　敞开心扉、充分品味生活，就意味着接纳情绪化进食，并让它在你的新故事中发挥作用。无论是吃冰激凌、纸杯蛋糕庆祝一项进步，还是生病时喝一碗鸡丝面汤暖一暖身心，我们都曾经在各种情绪中体验食物。大众普遍认为，这具有负面效果，但实际上并非如此。大多数专家认为，情绪化进食是一个问题，应当得到解决，从而与食物建立积极的关系，但事实并非总是如此！

食物的情绪化属性

当新型冠状肺炎疫情暴发时，许多人热火朝天地重新开始用"酸面团"烘焙面包，同时还做出各种丰盛的汤、炖肉。这正是人们从食物中寻求慰藉。对此，社交媒体也曾广泛报道说，人们面对空前的压力与不确定因素时，能从这些食物中得到慰藉。

这种现象背后的道理是食物具有情绪化属性。其实，你在小时候就知道这个道理了。食物能够抚慰心灵，唤起心中的往事，培养人与人之间的感情，让我们回到从前，回忆一路走来的经历。从准备食材到烹饪、进餐，从期待到真正吃喝并与他人分享，食物的每个方面都可以培养各种情绪及感受，如喜悦、快乐、归属感。我们在进餐时会调动各种感官：味觉感受食物的咸、甜；嗅觉感受食物的香气；听觉感受食物的酥脆。各种感官高度兴奋，在这种状态下，情绪被调动起来就不足为奇了。人与人的情感维系以及我们的怀旧情怀同样离不开食物。做几道菜，亲朋好友围坐在餐桌前一起进餐，就能够延续传统、表达爱与尊敬并建立情感，当然，还能庆祝特殊的日子。这就是食物的美好所在，它不但可以滋养我们的身体，还可以滋养我们的心灵。

所以，当我们感到厌倦、沮丧、紧张、愤怒、兴奋或快乐时，自然会通过食物表达出来。如果你曾经为了生理需求之外的原因吃喝，那么你就会理解情绪化进食的意义。然而，我们习惯性地认为，我们需要改掉这种行为，甚至为之感到羞愧。由于媒体连篇累牍地告诫我们，当感到难过的时候要克制自己，不要吃香甜的扁桃仁酱、曲奇饼干、冰激凌或者比萨，这是可以理解的，但因为食物与情绪之间存在密不可分的关联，所以我们无法回避一个现实：食物的确会给我们带来一些感受，包括慰藉，而通过食物获得的满足感和滋养效果比营养物质本身带来的要深厚得多。

让我们从另一个方面思考这个问题：无情绪化的进食。对我而言，这似乎更适合描述一个机器人，而不是有血有肉的人类，不是吗？情绪化进食将始终伴随你的食物故事。试想，如果食物只是卡路里与碳水化合物，那么该有多么乏味！我们不应当抵制情绪化进食，相反，当你体验新的食物故事、倾听你的内在智慧时，应该试着理解它以及你对它的反应，并在你的故事中接纳它和充分利用它，使内心变得强大。

除了生理需求之外，你还可以为其他各种理由吃喝：得到慰藉、舒适、鼓舞、冲淡其他情绪、应对压力、忘记不愉快的事情（后文的"食谱与仪式"部分甚至将"舒心自在"列为目标状态之一）。只要你事后感到开心，这样做无可厚非。

如果你津津有味地吃了奶奶做的蜜桃派或者父亲做的热气腾腾的辣菜，感到舒心、满足、自信，那么情绪化进食就不会构成问题。你品味着每一口食物的滋味，心中想着食物本身及其带来的感受，也就与食物之间建立了交流。你能够实事求是地品味食物——这是一种应对机制——进餐时享受食物带来的正面感受，进餐后心中也没有留下任何负面感受。有意识、有交流的情绪化进食可以使你由内而外地感到愉快。这个道理不仅适用于水果沙拉、燕麦煎饼配香蕉片，还适用于让人堕落的芝士蛋糕。总之，它适用于所有类型的食物。

然而，有时你需要的并不是食物，这时吃喝并不能让你感到愉快，反而可能会给你的身心带来负面影响。在这种情况下，你可能要在你的"食物故事工具箱"中寻找其他应对机制。

羞愧感的圈套

奥德丽热爱自己的瑜伽教练事业。她的瑜伽课程有一大批忠实的学员，但瑜伽馆的房东总是说她"不太像一位真正的瑜伽教练"。每当这时，奥德丽总会在回家后径直走向厨房并翻箱倒柜，见到什么食物就吃什么。她把平时爱吃的燕麦曲奇饼干、墨西哥玉米片及奶香浓郁的墨西哥芝士蘸酱直接咽下去。把这些都吃光后，她才意识到自己不但没有对房东表现出不满（即真正承认自己的感受），也没有为自己辩护，反而通过吃喝麻痹心中的感受，于是在接下来的一天中，她在自责中度过。

有时我们会在情绪波动时进食，这是我们在外界条件的刺激下做出的反应，无意识地寻找手边松脆的、香甜的食物，填补内心的空虚、振奋沉闷的心情或者帮助自己忘记。我们的真正需求不是那袋薯片，也不是那块布朗尼蛋糕，而是比此时此刻更开心一些。然而，这种进食方式并不能解决难过、沮丧等情绪背后的根本原因。明天的演讲稿还是要写，与好友之间的矛盾还是没有解决，孩子的考试还是不及格。此外，你还会感到身体上的不适，以及负面的自我暗示。讲到这里你会发现，在这些情况下进食只会适得其反，使身体产生应激反应，你面对的问题不但没有减缓反而增多了。

如果出现以下情况，那么食物肯定不是你真正需要的解决办法：你在食物中寻找慰藉，而后又为此感到内疚、自责；你对孩子们发脾气后，吃光一盘墨西哥烤奶酪玉米片，或者情绪低落一整天后，回到家如风卷残云般吃下一整罐巧克力；你认为自己"软弱"，自己打击自己的自尊心。如果你感到内疚、羞愧，那么这就明确地表示：食物不是你的真正需求，你需要另想办法。这时，你就要放下碗筷，寻找食物以外慰藉自己的办法。

解决真正的需求

可以滋养身心的事物无穷无尽，如人与人之间的情感联结、宠物、音乐、书籍、艺术、电影、手工艺、大自然、运动、沉思等。当吃冰激凌没用的时候，进食以外的活动，如好友之间的倾心畅谈可以帮你提高兴致、鼓励你。

遇到不如意的事不要不假思索地向食物寻求慰藉，而是要退一步，坦诚地面对自己，如何能让自己真正感到被爱、被认可，或者自己到底在寻找何种感受。

也许是食物，但除此之外还有没有其他选择？还有哪些应对机制可以带来深深的情感、同情与快乐？以下是一些提示：

- 联系朋友；
- 向伴侣寻求拥抱；
- 散步；
- 小睡，为自己充电；
- 放一些提升状态的音乐；
- 做美甲；
- 写日记，与自己的真实状态同频；
- 与宠物依偎在一起；
- 打扫房间或清理书桌；
- 重新梳理食物故事的基础素材，看看哪些素材可以使你守住中心地位并踏实下来；
- 对于特定状态下的特定行为，请参考第 3 章的有关内容。

转变思路

当你感到"有所需"时，想一想：

1. 此刻你是何种状态，让你的真实状态迸发出来，即便感到为难也要这么做；

2. 此刻你想要何种状态？

3. 你感到饥饿，哪种食物能够引发你的目标状态？

4. 当体内血糖较低时，你可能很难抵抗口腹之欲；如果今天你还没有吃饱，或者你的三餐与零食中缺少有益身心的脂肪、蛋白质、复合碳水化合物，那么吃一些营养丰富的食物以补充活力和感到快乐；

5. 你没有饥饿感，那么除了食物之外，还有哪些方法可以满足你的需求呢？

做一次深呼吸

在一些情况下，食物是你的真正需求，但当你想要提升状态时，不应当将进食作为唯一的应对机制。感到悲伤、沮丧、焦虑、乏味或痛苦时不假思索地通过进食予以应对，或者为了感受到内心的力量和拥有主导感限制饮食，这些做法既不健康也无济于事。只有通过多种方法保持情绪健康，才能获得最大的益处。这样，我们就有多种选择，而不是只依赖一种办法。接到态度蛮横的电话，孩子闹情绪，业绩不好被领导批评，此时我们该如何做呢？记住，要做一次深呼吸。此刻你的真正需求是什么？是食物，还是另有所需？

在你的内心深处，就有这些问题的答案。

练习：进食能否解决问题

我们要深入探讨这个话题。请思考以下问题。

当进食能够提升状态的时候，我能否在身心得到滋养的同时而不感到内疚？

_____

_____

_____

在我的生活中，食物是否能够助兴？

_____

_____

_____

◉ 我是否通过进食麻痹自己、拖延事情，或者逃避令我不适的状态？

_____

_____

_____

◉ （如果是）那么我在逃避什么？

_____

_____

_____

◉ 为了在生活中具有掌控感，我是否操心过度或限制自己的饮食？

_____

_____

_____

◉ （如果是）那么我想要掌控什么？我担心如果我不再牢牢地掌控这些事情，那么可能会出现哪些后果？

_____

_____

_____

◉ 当我感到心中有所需，而所需的又不是食物时，我会考虑以下事物：

_____

_____

_____

第 5 章

翻开新的篇章

FOOD

STORY

备餐与备心

想象一下这些情景：清晨你醒来时，早餐已准备好，它营养丰富、美味可口，就在冰箱里，随吃随取；午休时间，你的运动鞋与耳机就躺在包里，等着陪伴主人出门散步。当你为一天的生活做好这样的准备时，就是在书写一个新故事："我会提前计划，安排妥当，关爱自己是值得的。"花一些精力，提前做好准备，就能缓解自己的压力，这是对自己最好的关怀。我称之为备餐与备心，二者合力为你减轻生活中的压力，使你能够主导自己的生活，制订一天的行动计划，走向成功。

备餐：巧妇难为无米之炊，如果你的冰箱与食物储藏柜空空如也，那么你又如何制作一大盘美味的沙拉、充满活力的大碗彩虹餐或者一锅热乎乎的面汤呢？所以，一定要准备好新鲜的食材以及可以混搭的各种原料。只要提前做准备，你就可以在一眨眼的工夫做出美味可口的饭菜。购买食材、切切剁剁的工作是不可避免的，但我提倡的备餐简单、灵活。我再重复一遍：简单、灵活。不需要对着灶台忙碌几个小时，也不需要仿佛组装线一般排得长长的玻璃餐盒，更不需要担心日复一日地吃同样的晚餐。我只推荐滋养身心的食物，等待未来的你享用一周。

备心：情绪稳定就能认真思考和有意识地过好每一天。要做到情绪稳定，就要在压力出现之前做好准备，因为压力是稳定情绪的死敌。如果在一天的各个时间段穿插少量快速且简单的活动，使你踏实下来，那么当你受到压力的刺激时，产生应激反应的可能性就会大大降低。这些稳定情绪的活动包括花 5 分钟时间与宠物玩、午餐后做几次深呼吸、静静地喝一杯茶，或者其他任何帮你恢复中心地位的事情。虽然这些事情看似平凡，但不要被它们的表象所迷惑：这些稳定情绪的活动非常有效，能够使人恢复活力，你会感到从容镇定、气定神闲、心态平和。

如果你花一些精力，通过备餐与备心做好准备，那么你的态度就不再是消极被动，而是积极主动。备餐与备心相互结合，无论你有多忙，都能帮你主导自己的生活，而不是被生活主导。

备餐

周二晚上六点半，会议拖延了，回家的路上又遇到堵车，你饥肠辘辘、心情烦躁。好不容易回到家，你精疲力竭、满心委屈，像样的夜晚生活似乎泡汤了。这时，你打开冰箱惊喜地发现，有一顿简单、可口的饭菜，不到 10 分钟的时间就可以端上桌。此刻整个世界都变美好了。

你换了套舒适的家居服，饭菜就热好了，比点外卖还快。那是一大碗热乎乎的暖心蔬菜辣豆酱（参见第 180 页）、什锦薯条配甜菜蘸酱（参见第 181 页），甜品是纯素食腰果奶酪蛋糕配紫色水果（参见第 173 页）。你边吃边默默地感谢那个体贴的人提前计划并做好这些食物（那个人就是你自己）。

毫不夸张地说，将食材储备作为头等大事，并且在食物储藏柜、冰箱与冷柜中储备适量的食材，改变了我的生活面貌。这种办法极大地减轻了我的压力，因三餐引起的牢骚也少了一半，不仅节省人力、物力，而且家庭成员的饮食更便捷、更健康。同样，这种办法也能给你和你的家庭带来裨益。当你将食材储备作为一项任务，提前准备食材，烹饪时保持灵活、不刻板，那么当你站在厨房里时，就再也不会对着空冰箱与空橱柜发呆，不知该吃什么了。

储备食材

每个食物故事都会展现出别样的特点与风格，同样，每个人储备的食材也都会展现出别样的特点与风格。对我而言，储藏的食材会随季节与生活状态的变化而有所不同。所以，在你盲目地去超市为家里购买新食材之前，先想一想自己究竟要做多少饭菜，然后再适量地储备食材，不要把储备食材变成一项大而无当的

食物与执念

工程。接下来，你可以列出两张清单，一张是简单的基础食材，有些可以储藏在橱柜里，有些则要储藏在冰箱里，这些食材总要用到，一旦用完就要补充；另一张是按周购买的新鲜食材，这些食材需要尽快烹饪并吃掉。

基础食材清单可能需要包含以下内容。同时，还可以参考"备忘录"，看看还可以借鉴哪些内容。不要忘记，尽量选择玻璃罐装或环保包装的食材。

食用油和烘焙油：橄榄油、牛油果油、芝麻油、椰油、中链脂肪酸油。

全谷物和仿谷物：糙米、燕麦、藜麦、法罗小麦。

醋类：苹果醋、米醋、意大利香醋、白葡萄酒醋。

坚果类和种子类：扁桃仁、腰果、开心果、核桃、碧根果、巴西栗、奇亚籽、南瓜籽、亚麻籽、芝麻。

坚果酱和种子酱：扁桃仁酱、腰果酱、花生酱、中东芝麻酱、葵花籽酱。

冷冻水果：蓝莓、樱桃、树莓、草莓、菠萝、杧果、桃。

豆类：干兵豆；不含双酚 A 的罐装熟食豆类，如鹰嘴豆、美洲黑豆、白芸豆、腰豆。

酱汁：辣酱、意面酱、莎莎酱、日式溜酱油、番茄沙司、伍斯特郡酱。

干香草和辛香料：罗勒、大蒜、孜然、姜黄、姜、盐肤木、黑胡椒、海盐、甜红椒粉、烟熏红椒粉、红辣椒碎、锡兰肉桂、肉豆蔻、欧芹、营养酵母。

蛋白粉：植物蛋白粉、胶原蛋白肽。

调味品：黄芥末、咖喱酱、整蒜。

植物奶：扁桃仁奶、椰奶（纸盒装与罐装）、腰果奶、燕麦奶。

天然甜味剂：纯枫糖浆、椰子花糖、椰子花蜜、天然蜂蜜、中东蜜枣。

> **面粉：** 全麦面粉、无麸质面粉、扁桃仁粉、椰子粉、燕麦粉、糙米粉、玉米淀粉、木薯淀粉。
>
> **冷冻蔬菜：** 菜花米、四季豆、西蓝花、南瓜、去皮毛豆、豌豆、菠菜。
>
> **其他烘焙原料：** 小苏打、无铝泡打粉、巧克力碎、香草精、天然椰子片、可可粉或生可可粉。
>
> **黑巧克力和果干：** 含 70%（或更高）生可可的黑巧克力、灯笼果、枸杞、樱桃干。

一旦确定了基础食材，就可以着手准备易腐食材，包括水果、蔬菜、新鲜香草与蛋白质。先购买每道饭菜的核心食材，然后再灵活地选购一些其他食材，哪样食材最新鲜就选哪样，每周各异。多样化是生活的调味剂，在为身体输送各种营养而又要避免单调时尤其如此。

为了储备足够的食材，每周指定一天作为购物日，检查家中存货后再去菜市场或超市。我的许多学员都在周六购物，然后周日烹饪，这样可以有条不紊地备餐。你可以按自己的意愿安排，但要提前制订计划！

提前备餐

只需要几个小时提前计划、安排，就能为下周节省大量的时间，同时还能避免为三餐发愁或措手不及。

有人认为，要备餐就要制订明确的计划，如下周四吃什么午餐……并如此安排一周所有工作日的三餐。这对我而言太过严格。下周四我想要吃什么，现在我怎么会知道呢？你会知道吗？

对我而言，备餐不是为了提前制订严格的三餐计划，也不是为了坚持一项严格的计划，只是为了提前准备三餐的半成品。我会提前清洗和切好食材，烤制一些食物，在冰箱里储备一些色香味俱全的半成品，随时混搭出美味可口的三餐。我备餐的目的是为了在饥肠辘辘时，不至于巧妇难为无米之炊，也不至于让我提

125

不起兴致，甚至郁闷难过！备餐为的是自由选择，而不是画地为牢。

　　每周的备餐内容很有可能会有所不同，这取决于每周你可以拿出多少时间，以及你需要准备哪些食材。此外，备餐内容也会受到季节的影响。夏季，我不会提前做太多的半成品，而会安排许多新鲜、色彩丰富的沙拉与三餐；气温凉爽下来后，我会做较多的半成品，准备随时混搭出温馨的晚餐，但不管在哪个季节，请记住一点：要简单、要开心！打开音乐，和家人一起动手，想一想未来的你有多幸福。简单备餐的要点如下。

- **为了简单方便地进餐，你需要做什么**。为了使生活更简单、更从容，在饮食问题上，你最想提前做哪些准备？理清了这个问题，你的备餐任务就会有的放矢。也许你想冷冻一些水果块，便于早上制作思慕雪；也许你想在手提包中放一些自制的什锦坚果，以便在会议间歇或赶车时充饥；也许你希望到家后已经有一大盘提前煮熟的豆子和烤好的各式蔬菜，稍稍加热就可以作为晚餐；也许你喜欢把提前切好的辣椒、胡萝卜与黄瓜一股脑地倒进盘子里，随手做一份沙拉。无论有何设想，你都可以通过备餐将各种食材备好、待用，领先生活一步。
- **少数关键食材，提前大量准备，随时花式混搭**。我有一个小诀窍：工作日期间，我通常不会按食谱烹饪。当然，在某些场合，一定要按食谱烹饪。例如，在正式的聚会时，可以按一份新食谱处理各种复杂食材；或者按奶奶的食谱做深受家人喜爱的苹果派，坚持传承；或者每周按食谱添一两款新菜肴。

　　但对于日常备餐，选用新食材并亦步亦趋地按照食谱办事就成了一种负担。一家人经过一天的劳累工作，还要面对生活中的各种职责，这完全不现实。所以，在大多数情况下，我会脱离食谱准备三餐。我会将一些关键性的基础食材备好，准备在忙乱的工作与生活中轻松混搭，具体说来如下。

- 烤一大盘红薯和各式蔬菜，如胡萝卜、甜菜、南瓜、抱子甘蓝，然后在工作日期间，你就可以任意使用这些美味的烤菜了，如拌沙拉；蘸鹰嘴豆泥；做成细腻的菜泥；做成蔬菜卷或夹在三明治中；作为一碗藜麦饭的佐菜。只要提前烤出一盘菜，就可以做出如此丰富的三餐搭配了。

- 煮一大锅杂粮，如藜麦、糙米、燕麦等，可以加入沙拉中、制作早餐粥或者做成一道简易配菜。
- 多做一些动植物蛋白质，在工作日期间加到午餐或晚餐中，如黑豆、兵豆、三文鱼、金枪鱼、鸡肉、蔬菜汉堡、水煮蛋。

想一想需要哪些核心食材，可以围绕这些核心食材配备你的三餐。提前备好了这些核心食材，你就可以安心度过一周。我比较偏爱这种办法，因为可以高效地准备食材，又可以使三餐灵活多变、随心所欲。冰箱里有了不同的半成品，即便再忙也可以做出三餐。

记住，不需要在一天内完成备餐，任何一顿晚餐，只要多做一些，转天的午餐与晚餐就能予以利用，但这可不是简单的剩饭和剩菜。例如，我的家人都非常喜欢吃应季的玉米，那么我会多烤一些，然后把玉米粒切下来，撒在沙拉上，或者与黑豆混搭，作为一道配菜。

备餐的最大益处在于，我逐渐摒弃了各种规矩，与自己的当下状态同频，随心所欲。我可以在烹饪与饮食上放松下来、听从直觉。

敞开心扉，不排斥各种选择

有时你忘了把午餐带到公司，或者周五晚上你完全顾不上烹饪，也不想烹饪！重新书写食物故事还有一项益处，它可以帮你摆脱厨房的束缚。当然，你会和亲朋好友一起外出就餐，参与社交活动，但在你决定是点外卖还是自己烹饪之前，提前做好准备是备餐的核心。兵家常言，不打无准备之仗。如果需要点外卖或者去餐厅，那么你喜欢哪些餐厅的菜品？你可以预先看看菜单，做到心中有数。菜品的选择只是一个考虑因素。你可以承受哪些餐厅的价格标准？制订一个计划，列出一张清单，看看哪些餐厅的菜品让你满意，你愿意去哪些餐厅消费？

备心

想一想，当你感到压力过大、心情沮丧甚至极度焦虑时，是否还能考虑身心健康这一问题呢？如果你和我一样，那么回答一定是"几乎不可能。"这时，备心就出场了。用一点时间积极主动地保护你的心情，在压力来袭之前做好准备，就能使你无懈可击。如果在一天的各个时间段穿插少量简单而有益的活动，那么你就会感到情绪稳定、思维清晰并能够坚持到底。

备心很像保持血糖稳定。无论早晨的营养多么均衡，你都不会指望它能保证你的血糖在一整天里都能保持稳定，因为你知道自己必须按时进餐，否则血糖就会剧烈下降，使你因饿生怒、变得暴躁。同理，如果你早上做了一项活动，如开心地运动或用 10 分钟写日记，那么它产生的正面影响也无法持续一整天。下午过半时，你开始发蔫。然而，如果坚持做一些使自己感到踏实的事情，那么当问题爆发时，你就不会崩溃，也不会产生应激反应。你可以在一整天保持较好的心态，而且比平日多了一份活力。我保证，如果你在一天的各个时间段为自己花片刻时间，那么你从早到晚都会感到更加从容、镇定。

说"片刻时间"并不夸张。调节状态的活动不但简单方便，而且更重要的是，即便在你忙得不可开交时，也是切实可行的，而且你知道，正是在这些时候你最需要调节状态！

早晨仪式

一天之计在于晨。早晨的活动会定下你一整天的基调。如果醒来后你顺手拿起手机浏览新闻，那么就会搅乱你的神经系统，并且会凭冲动办事；同时，你还激发了体内的应激反应。这会产生连锁反应，无论遭遇何种情况，你都会做出自卫式应激反应。随着你的情绪开始起伏，那种再熟悉不过的、紧张而忙碌的感受会涌上心头，于是，你还没有到公司，就已经为一天定下了失败的基调。

如果这个情境与你平日的早晨很像，那么你就应当有意识地思考如何度过一天中最重要的这个时间段。要在起床后真正达到精神饱满的状态，就要让早晨的活动适应自己的目标状态。我们常常听人们说"早晨惯例"，但这个讲法听上去有些刻板，似乎是不得已而为之。我一直偏爱"早晨仪式"，这样，我们的思维模式就从"我应该如何"转变为"我想要如何"。将早晨的一些事情作为仪式，那么你就积极主动地为一整天定下了基调。

早晨仪式不需要太复杂，也不需要太费时。"成功人士"和网红宣扬浮夸的、长达数小时的早晨惯例既不现实，也不可及，甚至可能使我们感到自卑、沮丧。在饮食、健康和自我关爱的问题上，许多人的期望值不切实际。

当然，如果你可以静思 20 分钟，然后再去做室内自行车运动，再进行长距离散步，再气定神闲地品味营养丰富的早餐，再写下感恩清单，然后再出门，那你真是神乎其神。

如果你真的神乎其神地在一个早上做完所有这些事情，同时上班做全职工作、下班养育子女，那么恭喜你，因为你肯定是一位超级英雄！

我们还是回到现实中吧。早上你只有十分有限的时间，在这十分有限的时间里，要完成你的所有心愿几乎是不可能的。那么，要优先做哪些事情呢？想一想哪些仪式能让你感受到内心的力量，就选其中一两项最有效的。

就我个人而言，运动是最有效的早晨仪式。早晨活动身体使我感到踏实，是开启一天生活的最佳方式。无论是在瑜伽垫上大汗淋漓地做瑜伽，还是在树丛之中平静地散步，只要能在早晨锻炼身体，过度劳累的大脑就能慢下来，我也能与自己的真实状态保持同频。

也许你格外喜欢列清单，列一个条理清晰的清单会让你守住中心地位并抛开思想中的杂念；也许你喜欢在餐桌上正儿八经地吃早餐，感受身心滋养的过程，而不喜欢坐在车里将就着吃；也许你喜欢在黎明前家人还在熟睡时静思几分钟，享受静谧的同时放松心情。

总之，无论你选择哪些早晨仪式，只要它可靠而且可以调节你的状态，那么就会对你一天的心情产生重要影响，但我们不应仅仅在早晨 9 点前重视心理健康问题。

让关爱延伸至一整天

在一天的各个时间段内，难题无处不在：与领导争执、孩子病了、截止日期提前了、堵车。晚餐时分，早晨仪式的效果可能已经化为乌有，所以我们要在一天的各个时间段安排调节状态的时刻，包括下午、傍晚等。

调节状态的活动也许是上午过半时，休息 1 分钟，闭上眼睛，做几次深呼吸，倾听内心的声音；带着午餐离开办公室，到公园的长凳上吃。我的一项活动是静静地品一杯抹茶拿铁。也许你喜欢的仪式是晚上坐在浴缸里，让紧绷一天的神经松弛下来，为一天画上一个舒心的句号，准备从睡眠中获得充分的休息。除此之外，其他事情也可以调节状态，例如，

- 与孩子们或者宠物玩 5 分钟；
- 午休时围着公司大楼散步；
- 在办公桌旁或者瑜伽垫上伸伸懒腰；
- 在露天平台上喝杯茶；
- 拿出砧板和一些蔬菜，切切剁剁；
- 给朋友发一段笑话；
- 望着天空做几次深呼吸。

你选择的活动可能与本书的建议完全不同，但无论选择哪些活动，都要本着简单、具体的原则，否则反而会给你增加压力。这样，这些活动就可以轻松地融入你的生活，帮你减轻压力，甚至将压力甩在身后。

练习：时刻准备着

备餐

我坚持在冰箱与食物储藏柜中储备基本食材并在每周（指定一天）_____
_____购买新的食材。

我会思考未来，并在每周（指定一天）_____
在厨房用几个小时为接下来的几天做准备。

⬤ 本周我要准备的应季、新鲜食材包括：

_____

_____

_____

⬤ 每周轮流选择的食谱包括：

_____

_____

_____

⬤ 当我不想烹饪时，或者某一周极其繁忙、无暇烹饪时，我可以选择以下餐厅的菜品，让自己感到开心：

_____

_____

_____

备心

⬤ 我的早晨仪式包含以下活动，我通过这些活动调节状态：

_____

_____

_____

⬤ 在一天的各个时间段中，我会通过以下活动调节状态：

_____

将厨房打造成温馨的港湾

现在，你的冰箱与食物储藏柜中已经储备了食材，那么当你迈入厨房后，状态如何？感到紧张？感到压力过大？如果厨房的氛围无法感染你，那么你就应当为厨房带来新的面貌！如果你不希望厨房里堆着没洗的碗碟、四处残留着饼干渣，那么你可以将厨房变成一个井井有条、让人流连忘返的地方，那里没有食物杂音，相反弥漫着一股轻松惬意的气息，你可以自由发挥自己的创造力。

也许你在想，"可我的厨房条件太差了"或者"我的厨房需要翻修"。我要对你说，厨房是否能成为温馨的港湾，不在于它是否够大或是否配备了高端的厨具。你不需要为厨房重新装修，甚至不需要花钱。我们要做的是提升厨房的正面能量，改变厨房的氛围，从而改变你置身于厨房时的状态。无论此刻你的厨房条件多么朴素，你都可以做到这些。即便你的家只是一间小公寓，你仍然可以为自己与家人营造出神奇的空间。

原先我住在近郊的一座房子里，后来搬到市中心，离开老房子时，我没有想到自己会对厨房感到依依不舍。在家里，厨房是我最喜爱的一部分，离开了它我不知道生活会变成什么样子。那间厨房是我家的灵魂所在，置身其中我们能够烹饪出色香味俱全的饭菜，甚至能够更加融洽地交流，为生活平添了一份情趣。厨房不仅是我喂饱家人的地方，而且还是我自己与食物的关系发生转变的地方——食物故事的概念就是在厨房诞生的！

于是，当我准备离开那间宽敞的厨房时（新家的厨房较小），我不得不告别多年积累的许多老物件。我认识到，这间厨房在我的食物故事中具有重要意义（同样，厨房在我们所有人的食物故事中都具有重要意义）。我们在厨房中品味早晨的咖啡；在厨房中养成新习惯；在厨房中喝一杯红酒，让紧绷的神经松弛下来；留下回忆；与家人互相讲故事；滋养我们的身心，日复一日、年复一年。我想我需要营造出一个新空间，当置身其中时，我会感到舒适、能够听到内心的声音，不受外界的干扰，也不感到焦虑。我需要做一些取舍，身心不再受到羁绊。

但要做到这些你不需要搬家。我完全适应了新家，而且经常留心观察厨房是否井井有条、是否有杂物。你的个人生活环境会直接影响你的状态、心中的压力以及总体的身心健康状况。外在环境井井有条，内在心境就会从容镇定。

你可以按照下文中列出的事项为厨房去除杂物，使厨房旧貌换新颜，营造一个温馨的空间。当你扔掉布满灰尘的食谱，整理好满满当当的抽屉，摆一些鲜花等，你家的灵魂所在就会重新焕发光彩，你也会受到感染。这些工作尘埃落定后，你会从心底想要在厨房多待一会，烹饪与进餐不仅不会让人乏味，反而会给你带来快乐。

去除杂物

在厨房中为自己腾出空间。清理烹饪与进餐时的杂物，从而改变你的思想观念与状态。不需要在一天内完成整间厨房的清理工作。如果清理工作过于繁杂，那从小处开始，如先清理一个抽屉，然后等你有了意愿再做下一步。清理出一小片空间后，你可能会感到自己有了干劲儿，抑制不住地想要继续干下去！额外回报是我的许多学员说，经过这场锻炼后，他们在生活的其他方面所做的决定更加明智了。

- ☐ 打开厨房里的所有抽屉、橱柜，以及你存放刀叉、打蛋器、木铲等厨具的地方，把所有物品都拿出来，逐项检查，它们是否好看？是否实用？你是否真的需要它们？如果你觉得哪些物品是杂物、没有必要留存，就把它们请出厨房。

- ☐ 整理瓶瓶罐罐。我在前文已经讲过，要尽量选用玻璃容器，这里不再赘述。筛选瓶瓶罐罐，留下那些尺寸合适的、好看的。看到它们装满新鲜的食材、整齐地码放在冰箱里，会让我心花怒放！

☐ 打开冰箱、冷柜、橱柜等存放食物的地方。把所有食物都拿出来，逐项检查，是否有存放过久的、放坏的、发霉的、完全变质的？如果有，就扔掉。

☐ 清理不再使用的食材。也许你买了一罐蛋白粉，但发现你的身体不耐受；也许你想自制鹰嘴豆泥，于是一下子买了 3 袋干鹰嘴豆，结果发现自己真正想要的是菜市场里卖的鹰嘴豆。每次我们注意到这些久置未用的食材时，都会下意识地感到内疚。不必如此！如果一样食材存放了 6 个月，你还没有用它，那么你永远也不大可能用它了。扔掉它，腾出空间，存放更诱人、更健康、你用得更多的基本食材。还可以将久置未用的食材送给有需要的人，这样岂不更好？

☐ 清理食谱。你是否有减肥食谱、节食食谱？是否有哪本食谱能让你想起难过的往事，或者它宣扬的饮食方式给你带来压力、造成心理障碍？你的厨房里不需要这些负面信息！把这些食谱扔到垃圾桶里。

旧貌换新颜

吐故纳新！按以下简单的步骤使厨房焕发活力，让人流连忘返。

☐ 在喷雾瓶中放入水并滴几滴你喜欢的精油，一瓶芳香喷雾就做好了。用它给厨房增添香气。柑橘与薄荷的味道非常清新、富有活力，而薰衣草与香草让人感到踏实、从容镇定。在橱柜台面与桌子上喷一喷，然后擦干净。新味道，新开始！

☐ 用扫帚或吸尘吸打扫厨房的地板，把灰尘一扫而光。东方先哲认为，吐故方可纳新。

☐ 拉开窗帘，打开家里所有窗户，尽可能地让新鲜空气与自然光线进到屋里，赶走凝滞的能量！

☐ 磨磨家里的刀具，让刀具更锋利、更趁手。可以买一块磨刀石自己磨，也可以看看附近的厨具店是否有专业的磨刀服务。

创造更轻松的条件

如果厨房布置让你感到不便，那么不要将就。按照你的习惯重新布置厨房。经常需要的东西不要放置得过高或放在抽屉最深处，而要重新调整存放位置！

☐ 想一想厨房中哪些物品你会频繁地用到，前几种物品的存放位置是否方便取用？如果不方便，那么重新调整它们的存放位置，为自己提供方便。例如，如果你要经常用到食物搅拌机，那么不要把它放在视线难以达到的、高高的墙柜里，可以把它拿下来，放在台面上。

☐ 关键的烹饪原料要存放在趁手的地方。如果你要在三餐中用到大量的抗炎辛香料和对心脏有益的食用油，那么就把这些食材放在触手可及的地方。如果你想把干香草存放在抽屉里，那么把常用的几种放在抽屉靠前端和中间的位置。

☐ 找一找厨房中让你感到不顺心或不方便的地方。例如，也许地板中央的小垫子总会绊到你，也许水龙头总是关不严。无论是什么问题，解决它！比如把小垫子拿走，请维修工人修好水龙头。想方设法把问题解决掉。

用爱点缀

为厨房增加一些装饰，让一天的生活更惬意、内心更温暖。

☐ 在厨房中摆放几件珍藏的物品，让你随时想起亲近的人，如家人的一张照片；曾祖母的食谱复印件；从儿时母亲为你缝的婴儿被上裁下的一块布（已经镶框）。或者摆放几件让你开心的物品。我摆了一把羽衣甘蓝的放大照片，那是儿子上七年级时在菜市场拿起的羽衣甘蓝，每次看到这张照片，我都感到很幸福。

☐ 在厨房中放一些专属于你自己的物品。如果你喜欢在切菜时听音乐，那么在厨房放一个好看的蓝牙扬声器。如果鲜花会让你感到快乐，那么就在台面上摆一支插满鲜花的漂亮花瓶。我家厨房里的花瓶总会插着黄色郁金香或大向日葵！

其他

听从你的直觉。还有哪些办法可以让厨房成为温馨的港湾？列一个符合你心意的清单。

☐ _____

☐ _____

☐ _____

练习：意外收获

给厨房写一封情书，表达你对厨房的好感，积极主动地传递正面能量，这样每次你迈入厨房，都会感到开心。在情书中你可以写欣赏它的哪些方面，你期待如何与它共度时光。想一想，然后列举几个具体的事例。在信的末尾处，可以与它结盟，共同营造良好的氛围，在喂饱自己与家人的同时，感到轻松惬意、焕发活力。

如果你不愿将好感写下来，那么用一分钟的时间向厨房表示谢意，感谢它始终如一地滋养你的身心。

_____

_____

_____

不断前进，保持好奇

我的儿子诺亚（Noah）参加了美国美食频道举办的第一期青少年厨艺大比拼。我坐在那间绿色大厅里，看着他在厨房里忙前忙后，同时，一组专家评委正在评判他的一举一动，我的心脏狂跳不已。诺亚与其他小选手们一样，要利用一篮子神秘的食材烹饪出 3 道菜，他显得如此从容、自信。我坐在下面为他暗暗加油，也不由得为他捏一把汗，同时又为他感到骄傲。

不可否认，有勇气在百万观众面前展示你的手艺并不简单，但让我感到身为人母最快乐的时刻是，诺亚镇定地看着镜头，回答他参加这场选秀的原因："我想要向广大青少年朋友们证明，真正的烹饪没有那么难。"然后，他又补充说，从零开始烹饪不仅让他感到自信，而且还能缓解压力。

那是 2012 年，现在，我的两个儿子已经独立生活，在厨房中也完全自主了。他们去菜市场选购食材，做备餐，将自己的健康放在首位。最让我开心的是他们常常会为我做饭。写到这里，我要坦白地说：我远远谈不上是一位完美的母亲。多年来，我的两个儿子时常对我皱着眉毛抗议说："我们为什么不能像其他孩子一样？"而现在，他们让我感到欣慰。回想那次我与史蒂文在豪华餐厅共进晚餐，并且几乎与他失之交臂，这一路走来，我已经做出很多转变。

那时，我无论如何也不会想到能够修复自己与食物之间的关系，进而改变整个生活面貌；我无论如何也不会相信自己能够想通、不再追求完美的饮食，学会如何倾听并信任身体的呼声，真正地享受烹饪与饮食，并帮助很多人真正地享受烹饪与饮食，同时还能为家人树立榜样。

时至今日，我的生活中仍然会出现不那么美好的日子。原先的饮食习惯与思维模式偶尔还会出现。我的内心偶尔还会发出尖锐的声音与刻薄的批评。我偶尔还会意识到自己在过度操心食物问题。然而，因为我的食物故事已经深深融入我的内心，所以我知道，我的内心有能力做出转变，翻开故事的下一页，展开新的篇章。每个人的内心都有这股力量，你也一样！

你已具备一切必要技能

你已具备一切必要技能，可以全身心地接纳并体验你的新故事了。其实，你一直都具备这些技能，但现在你有了意识，可以有意识地改写压抑内心力量的故事，使你的内心变得强大。

老故事：我听到、看到的信息互相矛盾，让我无所适从，身心疲惫。干扰太多了，我不知道该相信谁。

新故事：我可以过滤掉食物杂音，同时倾听自己身心的呼声，因为自己的身心才是权威。（我可以做到！）

老故事：我坐下来进餐时，心中对食物焦虑不安。我对食物感到忧心忡忡，导致体内产生应激反应，这对我的身体代谢、消化以及享受食物的过程都产生了负面影响。

新故事：我在餐桌上营造轻松惬意的氛围，通过几次深呼吸，让自己踏实下来，从而启动我的副交感神经系统。这时我的消化功能、代谢功能与免疫功能达到最佳状态，整个人非常享受进餐过程。

老故事：我进餐时会赶时间或一心二用，与食物以及餐桌上的他人失去联结。

新故事：我进餐时会充分投入，并与食物以及餐桌上的他人保持交流，这是对自己与餐桌上的其他人的一份馈赠。我会通过"巧克力伴静思"这项练习提醒自己，要慢下来，品味食物、注意饮食的细微之处。

老故事：食物会让我产生应激反应。我担心食物会对我产生影响，如我是否会胃胀、疲惫，甚至变胖。

新故事：进餐前，我会与自己交流，问自己"我想要何种状态"。然后，我会积极主动地选择食物以达成目标状态。无论是开心幸福、专心致志、容光焕发、坚强有力，还是舒心自在、感官满足、从容镇定，都有能带来这些感受的对应的食材及食谱！

老故事： 我不知道如何腾出时间关爱自己的身心健康。我要面对无数任务（孩子、家庭、事业、外出办事、付各种账单、纳税等），这些任务总是更紧迫。

新故事： 我的身心健康是重中之重，而不是无足轻重。我会将食物故事的基础素材有机结合起来，塑造自己的生活方式。我会感到精力充沛，从而以饱满的热情投入工作与生活，同时积极地带动他人。

老故事： 我可以在短期内坚持好的习惯，但我的旧习惯迟早会复发。我难以做到始终如一。

新故事： 我知道完美是无法企及的。总有一些时候我会在不经意间吃得过饱或者吃得过少、忘了静思、不去锻炼、失去动力，或者以其他方式破坏我的理想计划。这些不如意的时刻是人类生活的常态，在所难免。

老故事： 当我感到有压力时，我本能地通过吃东西安抚自己，而且停不下来。

新故事： 情绪化进食并不可耻，只要我感到开心，通过食物安抚自己、排解自己的压力就无可厚非；同时我知道，除了饮食之外，我还可以通过其他应对机制缓解压力。我掌握很多不涉及食物的应对办法。

老故事： 我不想提前计划，也不想花时间备餐，因为我觉得这种做法刻板、乏味。我喜欢即兴发挥！

新故事： 提前计划不但不会限制我的自由度、灵活性与选择空间，反而会使我更自由、更灵活，拥有更多的选择空间。如果厨房里储备了提前做好的营养丰富的半成品，如烤蔬菜、水果块、煮好的谷物、沙拉酱、蘸酱、酱汁等，那么我就能又快又好地做出美味可口的三餐。我总会考虑自己的未来！

老故事： 我总是控制不住自己的脾气，我都不好意思承认。

新故事： 我会在一天的各个时间段穿插几分钟的简单活动、调节状态，不受压力的影响。我可以围着街道散步、与宠物依偎在一起、静静地品一杯茶，或者其他使我恢复中心地位的活动。

　　老故事：我在厨房里总觉得很无聊，每次走进厨房大脑都一片空白。烹饪太乏味了。

　　新故事：我可以通过一个有趣的仪式去除厨房里的杂物，改变厨房的氛围与气场，从而改变我迈入厨房后的状态。这样做不需要添加新的厨具！

　　老故事：每当生活中出现始料不及的状况，使我不得不改变计划时（如吃得过饱、吃了垃圾食品、没有运动、一连串的负面自我暗示导致恶性循环等），我就会埋怨自己说，我怎么这么笨！

　　新故事：我可以做出转变，不再自我批评，而是在同情自己的同时表现出好奇："为什么会这样？"我会反复告诫自己，要获得健康，不能逼迫自己，只能关爱自己。

你是作者，更是主人公

　　神笔总是在你的手中——无论你是面对困难时，还是面对变化时，都是如此。因为你的食物故事会不停地发展和变化，所以故事中的人物会不停地登场、离场，新的主题会应运而生，情节也会不可避免地出现起伏。当你做出转变时，你的故事也会随之改变，这时你就要提起笔，书写新的篇章，适应身心当前的营养需求。

　　现在适合你的一些生活规律，未必适合以后的你。严寒时的美味未必是酷暑时的美味。季节更替、活动量起伏、体内激素变化、妊娠期、逐渐衰老、生活变动、有无心痛症状、生活节奏快慢等，都要求我们做出相应的调整。与自己的身体及内在智慧保持同频，坚信所有的答案都在自己手中。

　　在你的食物故事中，你是作者，更是主人公。

食谱与仪式

想要继续享受美食带来的快乐吗——选购、烹饪、尝试新款菜肴、进餐？我猜你想！有了新的食物故事，也就有了新的食物视角——这是有趣、科学的饮食方式，让你重新掌握主导权。不过，我们不会制订什么计划，我也不会为你指定究竟要吃哪些食物（不过我确实希望你选择大量五颜六色的蔬菜），但我会向你介绍 35 个按不同状态整理的食谱与 7 个简单的小仪式，这样你不但不会担心食物会对自己造成哪些伤害，反而会思考食物会为自己带来哪些益处。

那么要如何开始呢？你要先尝试哪些食谱呢？首先，思考那个永不过时的问题："我想要何种状态？"

无论你想要开心幸福、专心致志、容光焕发、坚强有力，还是舒心自在、感官满足、从容镇定等，你都可以有意识地通过饮食（尤其是包含特定营养成分的饮食）帮自己达成目标状态。面对大碗幸福早餐、健脑饮品、彩虹卷、什锦薯条、丰盛的热汤、养颜沙拉、吃不完的巧克力，你可能难以取舍！

万事开头难。起初，这种饮食方式就像学习一门新语言。也许你会出现这样的情况："我想要专心致志，那么我应当选……那个……想不起来了。我应当选什么来着？番茄？核桃？还是其他食物？我忘了！"但很快，你就会找到规律。当你想要开心幸福时，就会在早晨的思慕雪中放入生可可碎与绿叶菜；当你想要容光焕发时，就会在思慕雪中放枸杞和菠菜。

从前，你不知道碳水化合物、蛋白质、脂肪的概念，但后来你慢慢掌握了。食物与状态之间的关系也是如此。我向你保证，你会学得越来越快，很快你就会完全掌握为了达成目标状态，要选哪些食物。不需要为此感到有压力或强迫自己，恰恰相反，你的目标是抛开食物带来的压力，同时在食物中感到轻松与开心，所以从中寻找乐趣吧！

不要忘记：你与众不同，而且你比任何人都更了解什么适合你、什么不适合你。与自己的身体保持同频，在内在智慧的引领下，寻找能够与你交流的食谱与食材。试一种新的辛香料、一种陌生的食材或者一种新鲜的口味混搭。敞开心扉、勇于探索，你就会翻开令人激动的新篇章！食物杂音、对食物的执念、压抑内心力量的故事——你的餐桌上再也不会出现它们的身影，取而代之的将是轻松惬意的状态、情感上的交流、值得依赖的直觉。

那么，你想要何种状态？在本书中找一个食谱、一项仪式，酝酿你的目标状态。

让我们动手烹饪、享受美食吧！

开心幸福

大碗幸福早餐

4 人份

我受到儿子诺亚的启发，创作了这份食谱，他知道如何为一天的生活确定基调！藜麦可以增加我们体内的幸福因子"血清素"的含量，蒜香味的绿叶菜富含镁元素，这种矿物质能够减缓压力。口感细腻的牛油果与烤瓜子可以增加抗抑郁的 omega-3 的含量，而姜黄中的化学物质可以提升状态。蛋白质是调节血糖的关键，为此，我们还可以在这道菜品上加 1 个水煮溏心蛋、几片烟熏三文鱼或者一些煮好的豆子。

小贴士：提前备好中东芝麻酱调料与藜麦，餐前只需煸炒绿叶菜即可装碗。

食材	
生藜麦，⅔ 杯①	红心萝卜，切薄片，¼ 杯
姜黄粉，1 茶匙②	牛油果，切开、去核、去皮、切薄片，1 个
精细海盐与现磨黑胡椒	烤瓜子，如南瓜籽、芝麻，¼ 杯
薄荷叶，适量	微型菜苗，摆盘用（视个人喜好添加）
芫荽，切碎，2 汤匙③	
葱，切碎，2 汤匙	**中东芝麻酱调料**
特级初榨橄榄油，1 汤匙	中东芝麻酱，¼ 杯
蒜，切末，1 瓣（视个人喜好添加）	新鲜柠檬汁，¼ 杯
新鲜绿叶菜，如羽衣甘蓝、瑞士甜菜或宽叶羽衣甘蓝，切碎，250 克	特级初榨橄榄油，2 汤匙
水果黄瓜，切薄片，½ 杯	精细海盐，¼ 茶匙

---

① 1 杯约合 237 毫升。——译者注
② 1 茶匙约合 5 毫升。——译者注
③ 1 汤匙约合 15 毫升。——译者注

做法

1. 制作中东芝麻酱调料。取一只小碗，放入中东芝麻酱、柠檬汁、橄榄油与海盐，拌匀。用 2 汤匙水稀释（酌情增减水量），调至可以均匀倒出的稀稠状态，放置一旁。

2. 起煮锅，倒入藜麦、1⅓ 杯水、姜黄粉与 ½ 茶匙海盐。大火烧开，期间翻搅一两次。调至小火，盖上锅盖，保持微微烧开状态，直至藜麦软糯并吸干全部水分，大约需要 15 分钟。静置 5 分钟，取下锅盖，用叉子拨匀。倒入碗中，放入 2 汤匙中东芝麻酱调料搅拌，直至谷粒与调料充分融合。加入薄荷叶与芫荽各 1 汤匙、半汤匙葱花。待用。

3. 锅洗净后重新起锅，开至中火，倒入油和蒜末，直至蒜末受热发出咝咝声。加入绿叶菜、海盐与黑胡椒翻搅至绿叶菜发蔫、变软，大约需要 2 至 5 分钟，具体时间取决于绿叶菜类型。如果绿叶菜受热过快，调至小火。将菜盛出，分至 4 只浅碗内。

4. 将藜麦均匀倒在 4 碗绿叶菜上。加入黄瓜片、萝卜片、牛油果片与烤瓜子，用中东芝麻酱调料浇汁。视个人喜好用剩余薄荷叶、芫荽与微型菜苗摆盘。立即端上桌并开始食用。

格兰诺拉燕麦酥奇遇记

6 人份

燕麦富含植物纤维，可以保持肠道舒适，此外，燕麦还富含提升状态的硒元素。加入坚果与瓜子，不但能增加镁的含量、放松心情，而且还能增加 omega-3 的含量、提升兴致。通过这份食谱做出基本食材，然后依个人口味加入果干、坚果、瓜子等。

小贴士：我个人常吃的果干与坚果混搭包括蓝莓与核桃、蔓越莓与碧根果、樱桃与扁桃仁、栖果与巴西栗、苹果与扁桃仁。

食材

非快熟传统燕麦片，2 杯	中东蜜枣，去核、切碎、¼ 杯
生藜麦，⅓ 杯	枫糖浆，3 汤匙
坚果碎（扁桃仁、碧根果、核桃、巴西栗），½ 杯	肉桂，½ 茶匙
南瓜籽，¼ 杯	香草精，1 茶匙
奇亚籽或亚麻籽，2 汤匙	精细海盐，½ 茶匙
天然椰子片，⅓ 杯	果干，½ 杯（视个人喜好添加）
无盐、无糖扁桃仁酱，¼ 杯	常喝的酸奶（摆盘时用）
融化后椰油，¼ 杯	什锦浆果（摆盘时用）

做法

1. 烤箱预热至 150℃。在带卷边的烤盘上铺好烤盘纸。

2. 取一只大碗，放入燕麦片、藜麦、坚果碎、南瓜籽和奇亚籽或亚麻籽与椰子片，拌匀。在料理机中放入扁桃仁酱、椰油、中东蜜枣、枫糖浆、肉桂、香草精与海盐，充分打碎、搅拌，大约需要 1 分钟。

3. 将搅拌好的扁桃仁酱倒在燕麦片混合物上，充分搅匀，直至扁桃仁酱均匀包裹住燕麦片混合物。将燕麦片混合物倒在烤盘纸上，摊开、压实，形成均匀的一层。放入烤箱烘烤，直至燕面片混合物表面金黄、散发出烤熟的香气，大约需要 20 至 25 分钟，期间翻动 1 至 2 次。

4. 将烤盘放在金属架上，待燕麦酥充分晾凉，期间翻动 1 至 2 次（燕麦酥较热时略微发黏，但晾凉后会变脆）。视个人喜好添加果干。装盘，可以加入酸奶、新鲜浆果，也可以配以植物奶及新鲜水果。

墨西哥烤玉米饼配酱豆牛油果拌菜

4 至 6 人份

墨西哥烤玉米饼配上干豆，吃起来会更加美味，尤其是选用特殊的原生豆种，效果更是不同凡响。豆类不仅富含植物纤维和植物蛋白，而且还含有调节状态的营养物质，如 B 族维生素、锌与镁元素；同时，羽衣甘蓝或卷心菜拌菜及牛油果同样可以调节状态，当这些食材强强联手时，俨然奏响了一场味蕾交响乐。

> 小贴士：把干豆子放在水里泡一泡，可以缩短烹饪豆子所需的时间；也可以在沸水中快煮 30 分钟，然后再开始炖豆子。

食材

羽衣甘蓝或卷心菜拌菜加牛油果	豆子
紫甘蓝或卷心菜（也可同时使用），切丝，3 杯	牛油果油，1 汤匙
羽衣甘蓝叶，切丝，1 杯	黄洋葱，切碎，¼ 个
胡萝卜，去皮、切丝，1 个	蒜，切碎，2 瓣
墨西哥哈雷派尼奥辣椒，去籽（视个人喜好添加）、切碎，½ 个	干斑豆，1 杯，在冷水中浸泡过夜
新鲜芫荽，切碎，带茎，摆盘时用，¼ 杯	低钠蔬菜高汤或水，4 杯
牛油果油，1 汤匙	孜然粉，½ 茶匙
青柠，1 个	精细海盐与现磨胡椒
牛油果，切开、去核、去皮、切薄片，1 个	
	墨西哥烤玉米饼，4 至 6 片，每片直径约 13 至 15 厘米，装盘时用

做法

1.起煮锅，开中小火，加 1 汤匙牛油果油。放入洋葱、蒜，略微翻搅，直至洋葱变软。豆子沥干水分，放入锅中，翻搅均匀。放入高汤或水、孜然粉。调至大火烧开，再调至中小火，保持微微烧开状态，略微翻搅，大约需要 30 分钟。调至小火，加入 ½ 茶匙海盐，搅匀。半掩锅盖，继续炖煮，略微翻搅，直至锅内只剩少许汤汁、豆子软嫩但

没有形成糊状，大约需要 30 至 60 分钟，具体时间取决于豆子自身的软硬程度与大小。如果锅内缺水，加入一些开水；如果锅内汤汁过多，取下锅盖，将火略微调大，豆子出锅晾凉后，汤汁自然会变黏稠。

2. 制作拌菜。取中号碗，放入卷心菜、羽衣甘蓝、胡萝卜、墨西哥哈雷派尼奥辣椒与芫荽。用半个青柠挤汁、与 1 汤匙牛油果油一起浇汁。加入海盐、胡椒调味，拌匀。（最多可提前 2 小时制作拌菜，做好后放在密闭容器内，并放在冰箱中冷藏。）

3. 将剩余半个青柠切成 4 块。将墨西哥烤玉米饼放入烤箱中烤热，小火重新加热豆子。在每个盘中上放一张玉米饼。用漏勺将豆子平均分到各张玉米饼上，再在豆子上放一些拌菜，用牛油果片、芫荽茎和一小块青柠装盘，端上桌，开始食用。

印度咖喱盖浇红薯

4 人份

用辛辣的印度风味咖喱盖浇烤红薯，做一顿丰盛的素食大餐。这道菜品色彩鲜艳、口味突出、让人食欲大增，堪称色香味俱全！红薯富含提升状态的营养物质，如 β - 胡萝卜素和维生素 C，而且可以促进人体分泌幸福因子——血清素。椰奶可以让咖喱的口感更加细腻，而柠檬汁为整道菜品注入了活力。你可以将咖喱单独作为一道菜，或者浇在糙米饭或藜麦饭上，也可以单独烤红薯，再视个人喜好佐以其他色彩鲜艳的配菜。

食材

红薯，4个，每个约50克	姜黄粉，½茶匙
椰油、牛油果油或特级初榨橄榄油，1汤匙	精细海盐，½茶匙
黄洋葱，切碎，½个	鹰嘴豆，洗净、晾干，1罐（约450毫升）
蒜，切碎，2瓣	柠檬，挤汁，½个
鲜姜，去皮、切碎，1茶匙	椰奶，1罐（约400毫升）
红辣椒碎，1茶匙（视个人口味增减）	嫩叶菠菜，60克
孜然粉，1茶匙	新鲜芫荽，切碎，压实后¼杯
芫荽籽粉，½茶匙	

做法

1. 制作烤红薯。烤箱预热至180℃。将红薯洗净，用削皮刀在红薯全身戳一些孔，放在烤盘纸上。烤至手指按压时软糯，大约需要50分钟，具体时间取决于红薯的新鲜程度。

2. 同时制作咖喱。起中号深煮锅，开中火，热油。放入洋葱，略微翻搅，直至洋葱变软。放入蒜、姜与辣椒碎，直至飘出香味，大约需要1分钟。调至小火，加入孜然粉、芫荽籽粉、姜黄粉与海盐，翻搅均匀。放入鹰嘴豆、柠檬汁，翻搅均匀，然后加入椰奶。调至中大火，直至微微烧开，然后调至中小火，保持微微烧开状态，略微翻搅，直至飘出香味，大约需要15分钟。放入菠菜与一半芫荽。继续保持微微烧开状态、翻搅直至菠菜发蔫。关火并盖上锅盖保温。

3. 红薯烤好后，分别盛到4个盘中。延中线将红薯切开，按住两端，从中间取出红薯肉。将咖喱浇到红薯上，每盘中分配均匀。用剩余芫荽摆盘、上菜，开始食用。

无敌甜菜汉堡配速腌洋葱与辣椒牛油果抹酱

6人份

想不想体验混合风味的奥妙？尝一尝带烟熏味的纯素食汉堡，配上醋腌咸菜与辛辣的墨西哥奇波雷辣椒或牛油果抹酱！汉堡排由生甜菜丝、美洲黑豆酱与藜麦做成，再加入烟熏红椒粉与孜然调味，就会拥有神奇的力量。甜菜可以使人由内而外地焕发活力！甜菜富含一种营养物质——甜菜碱，研究表明，甜菜碱可以缓解抑郁症状，而且甜菜颜色鲜艳，能够调动情绪。也许你对甜菜提不起兴趣，但不要排斥它，不妨一试！

> 小贴士：未煎过的汉堡排可以用烤盘纸隔开，放在密闭容器中冷冻保存，时间不超过 1 个月。食用时，在室温下解冻后再放入锅中，并多煎几分钟，这就成了工作日期间简单方便的菜品。

食材	
速腌洋葱	**甜菜汉堡**
红洋葱，切薄片，½ 个	美洲黑豆，洗净、晾干，1 罐（约 450 毫升）
开水，2 杯	甜菜，切碎，1 杯
米醋，¼ 杯	熟藜麦，½ 杯
椰子花糖，1 茶匙	黄洋葱，切碎，2 汤匙
干牛至，¼ 茶匙	燕麦粉，2 汤匙
孜然粉，¼ 茶匙	芥末酱，1 汤匙
精细海盐，⅛ 茶匙	烟熏红椒粉，½ 茶匙
水果黄瓜，切片，1 个	孜然，½ 茶匙
	精细海盐，½ 茶匙
墨西哥奇波雷辣椒或牛油果抹酱	现磨胡椒，¼ 茶匙
墨西哥奇波雷辣椒，切碎，1 茶匙；阿斗波酱，1 茶匙	牛油果油、橄榄油或椰油，1 汤匙
熟牛油果，去核、去皮、切块，1 个	
青柠汁，1 茶匙	汉堡的面包胚，全麦或无麸质，6 份，烤制
精细海盐	

做法

1. 制作腌洋葱。起小号煮锅，放入红洋葱片，倒入开水盖过洋葱片，静置 5 分钟后倒出，冲洗干净。在锅中加入米醋、椰子花糖、干牛至、孜然粉与海盐，开中大火煮沸。放入烫过的洋葱片及黄瓜，翻搅均匀，关火。捞出、放入密闭容器，放一旁晾凉至室温，期间翻搅若干次。容器密闭，放入冰箱冷藏至少 30 分钟，3 天内食用完。

2. 制作汉堡排。取中号碗，放入美洲黑豆。用叉子将黑豆碾成黏稠、粗颗粒的豆泥。取出适量的碎甜菜，用厨房纸巾包住，尽量压出汁水。放入豆泥中。除油外，将剩余食材全部放入豆泥中，搅拌均匀。将豆泥平均分为6份，将每份都按压成汉堡排，备用。

3. 制作抹酱。取小碗，放入墨西哥奇波雷辣椒、阿斗波酱、牛油果、青柠汁与海盐碾碎，直至细滑、充分融合。

4. 煎汉堡排。起大号煎锅，开中低火。加油，倾斜锅体，让油铺满锅底，然后放入汉堡排，不要叠着放（可能需要分几锅煎完）。煎汉堡排，慢慢翻面1至2次，直至两面煎成漂亮的焦黄色脆皮，中间煎透。

5. 做成汉堡。在每个面包胚的底面抹酱。在底层面包胚上放一片汉堡排、一些腌洋葱、一片生菜叶和顶层面包胚。趁温热食用。

备忘录——开心幸福的小仪式

小贴士：通过五颜六色的植物、有益脂肪与复合碳水化合物调节状态。

牛油果	多脂的鱼类
豆类	发酵类食物
甜菜	绿叶菜
浆果	抹茶
生可可	红薯
奇亚籽	全谷物
黑巧克力	

跳舞时间

你该运动了！缺乏动力？动力在此：当我们动起来后，会变得更有耐心、更专注、更放松。运动能够促进人体分泌内啡肽，内啡肽可以减轻我们的压力，破解有害情绪，促进睡眠。不妨播放你喜欢的音乐（音乐也是状态调节剂），在厨房里跳一曲单人舞，或者拉着家人一起跳。

你是否觉得自己完全没有舞蹈天赋，跳舞时傻乎乎的？哈！彼此彼此。不过不要忘记，你并不需要像专业舞蹈演员那样跳得那么好，关键在于要动起来，要开心。无论多么不自然，也要跳完一整首曲子，你会立刻发现自己的兴致被调动起来了。你还可以用木铲当话筒高歌一曲！

专心致志

沙卡蔬卡

4 人份

沙卡蔬卡是一道由香辣番茄沙司煮荷包蛋制成的中东菜肴。鸡蛋在热乎乎的番茄沙司中受热，再撒上新鲜香草、葱、菲达奶酪碎。鸡蛋黄中含有一种重要的营养物质"胆碱"，可以帮助集中注意力。大蒜与抗炎型辛香料为番茄沙司注入活力，同时减轻人脑认知衰退的症状。最多可以提前 2 天做好番茄沙司，食用前重新加热，再打入鸡蛋。

> 小贴士：纯素食者可以用煎豆腐块代替鸡蛋，同时使用纯素食奶酪。

食材

特级初榨橄榄油，2 汤匙	精细海盐与现磨黑胡椒
黄洋葱，切碎，¼ 个	罐装整番茄，2 杯，带汁水
红色或橙色柿子椒，去核、去籽、切碎，1 个	菠菜，1 杯
蒜，切末，2 瓣	鸡蛋，4~6 个
甜红椒粉，1 茶匙	菲达奶酪碎或纯素食奶酪碎，¼ 杯
新鲜牛至或干牛至，切碎，½ 茶匙	葱，切末，保留葱白与绿叶两部分，1 根
孜然粉，¼ 茶匙	新鲜芫荽或扁叶欧芹，切碎，3 汤匙

做法

1. 烤箱预热至 200℃。起耐高温煎锅，开中火，热油。放入黄洋葱、柿子椒，略微翻搅直至软烂、开始出现焦黄色。

2. 放入蒜末、甜红椒粉、牛至、孜然粉、½ 茶匙海盐、少许胡椒翻搅，直至飘出香味，大约需要 30 秒钟。调至中小火，用手将番茄掰开，带汁水一同放入锅中，翻搅均匀。

3. 锅内微微烧开后，放入菠菜翻搅。保持微微烧开状态，直至菠菜发蔫、番茄沙司飘出香味，大约需要 5 分钟（如果番茄沙司过于黏稠，可加入少量水）。

4. 取大勺，将番茄沙司推开，放入鸡蛋，撒少量海盐与胡椒。将锅放入烤箱烘烤，直至蛋白半熟、蛋黄仍保持液体状态，大约需要 12 分钟（装盘时，鸡蛋会继续受热）。

5.撒上菲达奶酪、葱末、芫荽或欧芹。立即端上桌，开始食用。

姜柠檬酱香三文鱼

4人份

这道菜口味丰富、简单易学，可以成为工作日期间的一道主菜。三文鱼富含 omega-3 脂肪酸，有益于记忆力，同时还含有维生素 B12，可以促进大脑分泌化学物质，提升我们的总体状态。如果用藜麦与绿叶菜配酱香三文鱼，会更加有益于大脑。

食材

三文鱼片，去刺，4片（约500克）	鲜柠檬汁，¼杯
低钠酱油，½杯	枫糖浆，1汤匙
柠檬皮，切碎，1个	鲜姜，切末，2茶匙

做法

1. 取大小适中的烤碟，鱼皮朝上放入三文鱼片，单层摆放，不要重叠。再取一只碗，放入低钠酱油、柠檬皮、柠檬汁、枫糖浆与姜末，充分拌匀，倒在三文鱼片上，将鱼片翻过来，腌泡另一面，然后再翻回来，使鱼皮朝上。放置一旁，在室温状态下腌泡10分钟。

2. 烤箱预热至220℃。将三文鱼片翻至鱼皮朝下烘烤，直至鱼肉中的蛋白质呈半凝固状，大约需要10至12分钟（具体时间取决于鱼片厚度及个人喜好）。

3. 将三文鱼片取出，放在餐盘上，揭掉鱼皮。将酱汁倒入小碗中。三文鱼与酱汁一同端上桌，开始食用。

天才版牛油果酱配烤南瓜籽

4人份

当牛油果酱遇上南瓜籽时，我们爱吃的蘸酱就达到了健脑新高度！牛油果可以促进人体血液流动及氧合功能。同时，南瓜籽与芝麻含有 B 族维生素和 omega-3 脂肪酸，研究表明，这些元素可以减缓认知衰退过程。将这些营养丰富的超级食材拌在一起，再与五颜六色的蔬菜一同佐餐，就能提高注意力的强度与持久度，你做好准备了吗?

> 小贴士：将剩下的牛油果酱与牛油果核一同放在容器中，可以防止牛油果酱变色。

食材	
南瓜籽，2汤匙	鲜芫荽，切碎，¼杯（装盘时酌情加量）
芝麻，1汤匙	红洋葱，切碎，3汤匙
成熟的牛油果，去核、去皮、切块，3~4个	墨西哥哈雷派尼奥辣椒，去籽、切碎，½个
鲜青柠汁，2汤匙（可酌情加量）	蒜，切末，1瓣
孜然粉，½茶匙	红辣椒碎，1撮
精细海盐，½茶匙（视个人口味加量）	佐餐用：墨西哥玉米片或切好的蔬菜，如胡萝卜条、柿子椒切丝、豆薯、芹菜

做法

1. 起中号煎锅，开中火，焙烤南瓜籽和芝麻，略微翻搅，直至飘出香味、色泽金黄，大约需要2~3分钟。倒入碗中、彻底晾凉。

2. 取中号碗，放入牛油果、青柠汁、孜然粉与海盐，用叉子碾压，直至略有碎块即可。放入芫荽、洋葱、墨西哥哈雷派尼奥辣椒与蒜末，搅拌均匀。撒上红辣椒碎，视个人口味再次加海盐与青柠汁。

3. 倒入一只浅碗中。用烤瓜子、芫荽装点，再挤一些青柠汁。佐以墨西哥玉米片或切好的蔬菜，立即食用。

巧克力开心果"树皮块"配冻干树莓

巧克力属于发酵食物，可以提高人体内的有益菌数量，增强肠道与大脑之间的联系。此外，生可可还富含黄酮醇，研究发现，黄酮醇可以改善大脑供血状况，再配上坚果中的有益脂肪、浆果中的抗氧化剂、果皮，这道美食不仅能满足我们的口腹之欲，还能提升我们的注意力。

> 小贴士：还可以选择其他浆果或坚果搭配，包括枸杞与扁桃仁、干杏肉与南瓜籽、干无花果与核桃。

食材

黑巧克力，500 克（含 70% 或更高比例的生可可）	橙子皮，切碎，2 茶匙（视个人喜好选择）
冻干树莓，碾成粗颗粒，1 杯	海盐片，1 茶匙（视个人口味增减）
烤开心果，切成粗颗粒，1 杯	

做法

1. 在带卷边的大烤盘上铺好烤盘纸。取一只耐热碗，放在一锅微微烧开的水中，将巧克力放入碗中隔水加热、搅拌，直至巧克力融化、变得细滑。

2. 关火。放入一半冻干树莓与一半开心果碎，搅拌均匀。

3. 将巧克力液体倒在烤盘纸上。取一只轻薄不锈钢铲子，将巧克力液体抹平，形成长方形薄饼状。将剩余冻干树莓、开心果碎、橙子皮均匀撒在巧克力饼上，再撒上盐片，酌情增减用量，动作要快。

4. 放在冰箱里冷冻，不要盖盖

子，大约需要 1 小时。切成块、端上桌。剩下的放在密闭容器中常温保存，最多可存放 1 周。

爱丽丝健脑抹茶拿铁

1 人份

抹茶是一种纯净的绿茶，具有健脑的效果，如果调整好呼吸、慢慢品味，健脑效果更佳。品味的过程不仅可以放松大脑，还可以使自己慢下来，使思维变得清晰，活在当下。抹茶含有 L- 茶氨酸，这种氨基酸可以促进大脑产生 α 脑电波（类似于静思时的体验），进而稳步提升人体活力与注意力，而不会使人产生咖啡因带来的萎靡、精神不振等典型状态。

小贴士：经过多年尝试，我发现这项搭配可以使我保持注意力集中，屡试不爽。中链脂肪酸油（往往称为大脑的燃料）可以帮助人体吸收各类营养物质，而生育三烯酚（维生素 E 的衍生物）可以使拿铁的口感更加细腻。

食材	
抹茶，1 茶匙	生育三烯酚，1 至 2 茶匙
热水（不是开水），¼ 至 ½ 杯	中链脂肪酸油，1 茶匙
植物奶，¾ 杯（我喜欢使用燕麦奶或椰奶）	枫糖浆或其他甜味剂，视个人喜好

做法

1. 将抹茶放入一个大茶杯或茶碗中，倒入热水搅拌，使抹茶充分溶解。起小号煮锅，开小火，倒入植物奶缓缓加热，直至出现蒸汽。

2. 将植物奶与抹茶一同倒入搅拌机中（或使用手持打泡器）。加入生育三烯酚、中链脂肪酸油，视个人喜好加入枫糖浆以增加甜度。

3. 搅拌均匀，直至产生泡沫，大约需要 20 至 30 秒。将抹茶拿铁倒回大茶杯或茶碗中。慢慢享用！

备忘录——专心致志的小仪式

小贴士：通过有益脂肪提高认知功能，通过含镁食物缓解压力。

牛油果	香草，如牛至、迷迭香、百里香、柠檬香蜂花
西蓝花	绿叶菜
肉桂	抹茶
蛋类	中链脂肪酸油
多脂的鱼类与贝类	坚果类，尤其是核桃
发酵类食物，如泡菜、天贝、味噌、酸菜	瓜子类
蒜	姜黄
姜	酸奶（包含乳制品与非乳制品）

提升你的注意力

运动员有专门的休息时间，大脑也不例外。我们的大脑需要时间休整、恢复，以便更好地工作。就餐时就是大脑的最佳休息时间。那么，为了减轻压力，同时更专注于眼前的食物，就要让大脑尽可能地减少思虑。

找一张纸，或者打开手机中的记事本功能，将脑海中挥之不去的思绪一股脑儿地写出来，无论是什么，把它们统统记下来，而且不仅是进餐前，只要是需要聚精会神的场合，你都可以提前进行这项仪式，仿佛给大脑做一次大扫除！

坚持每天进行这个小仪式，感受自己更专注于当下、活在当下。如果能养成习惯，只要感到精神涣散，便进行一次这个仪式，就更好了。

容光焕发

树莓玫瑰冰拿铁

1 人份

玫瑰水自古就用于美容，最早可见于克利奥帕特拉七世（埃及艳后）时期。我们采用现代视角，在植物奶中加入富含抗氧化剂的树莓，再融入提升状态和抗衰老的玫瑰精华，使我们由内而外地焕发光彩。不要小看这杯拿铁，虽然食材种类不多，但可以带来感官上的满足。

食材	
植物奶，如扁桃仁奶、椰奶，¾ 杯	玫瑰水，½ 至 1 茶匙（视个人口味）
鲜树莓或冻树莓，⅓ 杯	香草精，¼ 茶匙
枫糖浆或其他甜味剂，2 茶匙（视个人口味）	

做法

将所有食材都放入搅拌机中搅拌，直至树莓变得细碎、搅拌均匀，大约需要 30 秒。用细筛网过滤并倒入大号玻璃杯中。加入冰块，使拿铁充满玻璃杯即可饮用。

养颜沙拉

4 至 6 人份

为身体补充大量植物性食物，让它们助你一臂之力，使你焕发魅力、光彩照人。这道沙拉不仅色彩丰富、清脆可口，而且富含养颜营养物质。豆薯富含菊粉，是一种益生元纤维，有助于恢复肠道内有益菌群。胡萝卜中的 β - 胡萝卜素可以在人体内转化为维生素 A，使我们的容颜富有活力、光彩。微甜辣口味的碧根果可以带来 omega-3 脂肪酸。再放入葡萄柚块与味道扑鼻的葡萄柚油醋汁，就增添了一大份必不可少的抗衰老剂——维生素 C 和维生素 E！

食材	
甜辣碧根果	枫糖浆，1 茶匙
生碧根果，切碎，½ 杯	精细海盐与现磨黑胡椒
枫糖浆，2 茶匙	牛油果油，¼ 杯
牛油果油，1 茶匙	
肉桂末，⅛ 茶匙	**沙拉**
精细海盐，⅛ 茶匙	什锦小生菜，3 杯
卡宴辣椒，1 撮	紫甘蓝，切丝，1 杯
	豆薯，去皮，切成细丝，120 克
葡萄柚油醋汁	胡萝卜，去皮、切丝，1 根
鲜葡萄柚汁，3 汤匙	葡萄柚，去皮，1 个
鲜青柠汁，2 汤匙	新鲜薄荷叶，切碎，¼ 杯（不压实）
米醋，1 汤匙	可食用鲜花，用于装盘（视个人喜好添加）
低钠酱油，1 茶匙	

做法

1. 烤箱预热至 160℃。做甜辣碧根果：取一只碗，放入所有食材搅拌，使其他食材均匀地包裹在碧根果上，然后倒在带卷边的烤盘上，摊开、烘烤，略微翻搅，直至飘出香味并烤熟，大约需要 10 至 13 分钟。放置一旁、彻底晾凉。

2. 制作葡萄柚油醋汁。取搅拌机，放入葡萄柚汁、青柠汁、米醋、低钠酱油、枫糖浆、1 撮海盐、些许黑胡椒，开始搅拌。搅拌机运转期间缓缓加入牛油果油，继续搅拌直至油醋汁开始乳化。将做好的葡萄柚油醋汁倒入一只碗中。

3. 取一只浅碗，放入生菜、紫甘蓝丝、豆薯丝与胡萝卜丝。浇淋几汤匙油醋汁，搅拌均匀。

4. 用刀将葡萄柚切成块，去籽。将葡萄柚块与薄荷叶连同熟碧根果一起放入沙拉碗中，轻轻搅拌。再浇淋一点油醋汁。视个人喜好用可食用鲜花装盘，与剩余油醋汁一起端上桌，开始食用。

木瓜舟满载青柠奇亚布丁

2 人份

木瓜是一种多汁的热带水果，也是美容食品之一，它富含多种营养物质和维生素 C，维生素 C 可以刺激人体合成胶原蛋白，为皮肤输送营养，使皮肤柔软、富有弹性。在这道美食中，木瓜不但可以为我们的身体补充大量水分，还可以作为一只"可食用的碗"，盛满口感细腻、散发青柠味道的奇亚布丁，所以无论是作为早餐还是甜点，它都能让我们焕发活力。奇亚籽能为我们的身体补充大量水分，而且还富含有益人体的 omega-3 脂肪酸与蛋白质，这二者都是人体合成胶原蛋白的关键原料。最后，再挤上一些青柠汁画龙点睛！

食材	
植物奶，以椰奶为宜，1 杯	奇亚籽，¼ 杯
枫糖浆，1 汤匙（视个人口味增减）	成熟木瓜，1 个
青柠，取皮、切碎，1 个	青柠，对半切开，1 个
香草精，½ 茶匙	新鲜什锦浆果，如树莓、蓝莓、黑莓，1 杯
精细海盐，1 撮	新鲜薄荷叶，略微切碎，2 汤匙

做法

1. 制作奇亚籽布丁。取一只碗，放入植物奶、枫糖浆、青柠皮、香草精与海盐，搅拌。加入奇亚籽，搅拌均匀。将碗盖好，或者将上述食材倒入梅森瓶中（选择适当尺寸的瓶子，留出空间，以便布丁膨大）。放入冰箱冷藏至少 3 个小时，至多 1 夜，期间，布丁开始膨大时（大约 2 小时后），搅拌 1 次为宜，以便奇亚籽均匀分布于瓶中。

2. 准备享用这道美食时，将木瓜纵向剖开、一分为二，去籽。将两块木瓜各放入盘中。在每块木瓜中挤半个青柠汁。翻搅奇亚布丁，然后分别倒入两块木瓜中，注意分配均匀。在奇亚布丁上点缀一些浆果和薄荷叶。取一只勺，开始大快朵颐吧！

纸包鱼

4 人份

将鱼包裹在烤盘纸中烘烤和食用，既简便，又不失文雅。这是一种法式烹饪技术。在蒸汽的作用下，鱼肉吸收其他食材的风味。此外，"纸包"的形式还会让人眼前一亮。这道轻食菜肴富含多种护肤营养物质：鱼肉中的蛋白质可以促进人体合成胶原蛋白；圣女果中的番茄红素是一种强抗氧化剂，有助于保护皮肤免受日照的损伤；具有抗炎功效的香草可以缓解皮肤的紧张症状。

> 小贴士：选择肉质细嫩的白鱼片，如龙利鱼或比目鱼。至于香草，手头有什么就用什么，只要鲜嫩就可以。

食材	
西葫芦，切丝，2 杯	特级初榨橄榄油，2 汤匙
精细海盐与现磨胡椒	新鲜香草，如百里香、牛至、欧芹，切碎，1 汤匙
白鱼片，如龙利鱼或比目鱼，4 片（每片约 180 克）	柠檬，¼ 个，额外准备几片用于装盘
圣女果，纵向切成 4 瓣，1 杯	

做法

1. 烤箱预热至 200℃。取 4 张烤盘纸，裁成宽 30 厘米的正方形。

2. 将西葫芦平均分成 4 份，摆放在烤盘纸的中心位置。撒少许海盐。在每份西葫芦上放一片鱼。在鱼片上撒少许海盐与胡椒。将圣女果平均分成 4 份，撒在鱼片上。在每份食材上浇淋橄榄油并撒上香草。最后挤上一些柠檬汁。

3. 提起烤盘纸两边，在鱼片上方对齐并向下卷，直至压住鱼片，再将另两边折叠、卷起，收在纸包下面，封好。

4.将 4 个纸包放在烤盘上，不要重叠放置。放入烤箱烘烤，直至鱼肉熟透、蔬菜脆嫩。如果鱼片较薄，大约需要 10 分钟；如果鱼片较厚，大约需要 15 分钟。

5.将每个纸包放在一个餐盘上，打开纸包，用新鲜香草、柠檬片装盘，即可食用。

地中海宽叶羽衣甘蓝蔬菜卷

4 人份

五颜六色的新鲜蔬菜紧紧地挤在鲜嫩的宽叶羽衣甘蓝叶片中，轻轻一卷，就做成了漂亮的地中海宽叶羽衣甘蓝卷，其中的蔬菜富含维生素 C，刺激人体合成胶原蛋白，使皮肤紧致、富有弹性，为我们带来活力；白豆抹酱口感细腻，西班牙罗梅斯科酱味道扑鼻、口味甜辣，二者都富含强抗炎成分与作料，为蔬菜卷增添护肤营养物质的同时，带来一番异域风味。

小贴士：可以用鹰嘴豆泥或红薯泥代替白豆泥。可以将西班牙罗梅斯科酱抹在皮塔饼或吐司面包上，配上大片新鲜番茄，还可以将西班牙罗梅斯科酱作为烤蔬菜、烤鱼、烤鸡肉的蘸酱。

食材	
西班牙罗梅斯科酱	**蔬菜卷**
核桃或扁桃仁，烤熟、切碎，⅓ 杯	宽叶羽衣甘蓝，4 大片
红辣椒，烤制、切碎，½ 杯	水果黄瓜，去皮、纵向一分为二，再改刀为 8 根细条，1 根
番茄，压碎或碾成泥，¼ 杯	红色或橙色柿子椒，去籽、去筋、纵向切丝，½ 个
新鲜扁叶欧芹，2 汤匙	胡萝卜，去皮、切丝，1 个
醋，1 汤匙	紫甘蓝，切细丝，½ 满杯
蒜，切末，1 瓣	成熟牛油果，去皮、去核、切薄片，½ 个
甜红椒粉，1 茶匙	微型菜苗，½ 杯
特级初榨橄榄油，⅓ 杯	
精细海盐与现磨胡椒	

白豆泥	
特级初榨橄榄油，1 汤匙	蔬菜高汤，¼ 杯
蒜，切末，2 瓣	精细海盐与现磨胡椒
白腰豆，洗净、晾干，450 克	

做法

1. 制作西班牙罗梅斯科酱。在料理机中放入坚果并打成粉末。加入烤好的红辣椒、番茄、欧芹、醋、蒜末与甜红椒粉。在料理机运转时，向其中浇淋橄榄油。将搅好的酱倒入碗中，用海盐与胡椒调味。

2. 制作白豆泥。起小号煮锅，开中火，加入橄榄油和蒜末，搅拌，微微烧开，直至飘出香味，大约需要 1 分钟。放入豆子和蔬菜高汤，直至慢慢煮沸。调至小火，保持微微烧开状态，直至汤汁略微黏稠，大约需要 3 至 4 分钟。倒入洗净的料理器中，搅成泥。将豆泥全部倒入碗中，用海盐与胡椒调味；豆泥应为细滑、黏稠、可涂抹状（类似于鹰嘴豆泥）。

3. 将宽叶羽衣甘蓝叶片洗净、晾干。从根部开始向上，将一半的粗茎切掉，使叶片可以卷成蔬菜卷。叶片应为大约 20 厘米宽、25 厘米长。

4. 在每片宽叶羽衣甘蓝上，底部（切去粗茎的部位）留出 5 厘米，向上抹 ¼ 杯白豆泥至叶片 ⅓ 高度，叶片两边各留出 3 厘米。按以下顺序在豆泥上连续摆放蔬菜：2 根黄瓜条、4 至 6 根柿子椒丝、胡萝卜丝与紫甘蓝丝各 2 汤匙、¼ 牛油果片、微型菜苗 2 汤匙。

5. 将叶片的两边向内折叠，再将叶片的底部向上折叠，盖住所有食材。像墨西哥卷饼一样向上卷起，边卷边向内折叠两边叶片，卷紧蔬菜卷（注意不要让蔬菜卷破裂）。将蔬菜卷切成两半。与西班牙罗梅斯科蘸酱一起端上桌，开始食用。

备忘录——容光焕发的小仪式

小贴士：选择富含维生素 C 和蛋白质的食物，这些营养物质可以刺激人体合成胶原蛋白。有益脂肪与含水量较高的食物同样重要。

牛油果	兵豆
柿子椒	瓜类
浆果	菠萝
胡萝卜	木瓜
奇亚籽	石榴
柑橘类水果	玫瑰水
鱼类	红薯
木薯	核桃
绿叶菜	

在阳光中沐浴

如果你喜欢做瑜伽，那么你很有可能常做拜日式动作，但你是否曾在日光下做过这个动作呢？那是一种美好的体验，可以帮助我们释放压力。即便你不喜欢做瑜伽，也可以到户外走一走，从阳光和新鲜的空气中汲取活力。

清晨，把瑜伽垫带到户外，做几次深呼吸和几个简单的动作，迎接一天的到来。可以选择你熟悉的动作，如山式、前弯式、平板支撑、眼镜蛇式、上犬式、下犬式，或者静坐、静卧。感受阳光洒在皮肤上的感觉。想象在太阳的照耀下，你充满光彩，金色的光辉将伴随一天的工作、生活。

坚强有力

发酵蔬菜

2 升量

人体内大约80%的免疫系统位于肠道内，所以要想身体健康、富有营养、坚强有力，就要认真地吃饭。天然发酵的蔬菜富含大量益生菌等有益菌群。只需要少量食材，再加上一点耐心，就可以自制发酵蔬菜。注意要使用蒸馏水、山泉水或净化水以及非碘盐，否则发酵过程会被破坏。做这道发酵蔬菜，需要 4 个 0.5 升容量的无菌梅森瓶。

食材	
红色甜菜，450 克	四季豆，250 克
小萝卜，2 把	蒸馏水，4 杯
小胡萝卜，250 克	精细海盐或其他非碘盐，2 汤匙

做法

1. 甜菜去皮，纵向一分为二，切成细薄片长条。将甜菜放入 1 个梅森瓶中。

2. 削去小萝卜的根须、叶子，视其大小切成两半或四半，再切成薄片。将萝卜片放入 1 个梅森瓶中。

3. 削去胡萝卜的根须、叶子，去皮或刷洗干净，切成细条，放入 1 个梅森瓶中，胡萝卜条顶端与瓶口的距离不应小于 3 厘米。

4. 将四季豆放入最后 1 个梅森瓶中，尽量塞满；视情况提前将四季豆改刀，使其顶端与瓶口的距离不应小于 3 厘米。

5. 取一只带刻度的大号玻璃罐或碗，放入水与海盐，搅拌至海盐溶解。将海盐水倒入 4 个梅森瓶中，水位与瓶口的距离不应小

于 3 厘米。将 4 个梅森瓶盖严，在室温下静置。每天开瓶一次，释放发酵过程产生的气体。如果顶部出现霉斑、浮沫，撇干净。尝一尝发酵的蔬菜，口味适合时（一般需要 3 至 5 天时间），放入冰箱冷藏，低温可以减缓发酵过程，可以冷藏 1 个月。

选择不同的口味

还可以按以下方式加入辛香料：

- 甜菜配 3 片鲜姜与 ½ 茶匙橙子皮；
- 四季豆配 1 至 2 根新鲜莳萝与 1 茶匙黄芥末籽；
- 胡萝卜配 1 片月桂叶与 1 茶匙芫荽籽；
- 小萝卜配 1 瓣蒜（切片）。

彩虹寿司

4 人份

让身体沉浸于海量营养物质中，尤其是海量植物营养素（即植物产生的有益化学物质），最简单的方法莫过于食用五颜六色的食物。我们不需要计算什么，也不需要测量什么，更不需要听从各种饮食规矩。只需要将五彩斑斓的食物请上餐桌，就向健康的目标迈出了一大步，这道自制寿司便可以带你见识各种五彩斑斓的食物。

也许自制寿司让人感到力不从心，但实际上这个过程十分有趣，全家都可以参与进来，而且大多数食材都可以提前准备。你可以将各种馅料进行混搭，也可以使用速腌白萝卜、胡萝卜、芦笋、黄瓜和口感细腻的牛油果。一旦你学会了方法，就可以根据个人喜好制作寿司了。

> 小贴士：还可以换个口味，使用不全熟的香菇、全熟的红薯条、豆腐丝、柿子椒、烟熏三文鱼。

食材	
速腌蔬菜	白萝卜，去皮、切成小细条，60 克
米醋，3 汤匙	胡萝卜，去皮、切成小细条，60 克
椰子花糖，1 茶匙	

寿司	寿司米饭
芦笋嫩茎，掰断，12 根	短粒糙米，1 杯
水果黄瓜，去皮，1 根	精细海盐，½ 茶匙
紫菜，4 片	米醋，3 汤匙
成熟牛油果，去皮、去核、切成 4 瓣，1 个	椰子花糖，1 汤匙
日式溜酱油或普通酱油、腌姜、山葵酱，用于佐餐（视个人喜好添加）	

做法

1. 速腌蔬菜。起小号煮锅，开中火，放入米醋与椰子花糖加热并搅拌，直至糖溶化。取一只碗，放入白萝卜和胡萝卜，倒入糖醋汁，搅拌，在室温下静置、晾凉。不时搅拌。

2. 制作寿司米饭。取中号煮锅，放入米、1¾ 杯水、少许海盐，搅匀。大火煮开，调至小火，盖上锅盖继续煮，直至米饭软嫩，水分吸干，大约需要 45 分钟。同时，起小号煮锅，开中火，放入米醋与椰子花糖加热并搅拌，直至糖溶化，放置一旁、晾凉。中号煮锅关火，不要打开锅盖，静置 10 分钟。取叉子将米饭拨散，倒入糖醋汁，不要盖上锅盖，静置，直至米饭将糖醋汁全部吸干。米饭应干燥而有黏性。

3. 起煮锅，放入半锅水、少许海盐，大火煮开。放入芦笋，直至芦笋刚变脆嫩，大约需要 1 分钟。将锅中热水倒净，放冷水冲洗芦笋，使其不再热。将芦笋倒在厨房纸巾上，充分吸干表面水分。将黄瓜纵向剖开，留一半待用。用小勺挖掉另一半黄瓜的籽瓤，纵向平均切成 8 根细条。

4. 在工作台上铺好寿司竹席，铺一层保鲜膜或烤盘纸。放一张紫菜，糙面朝上、光面朝下，使紫菜的短边朝向你。盛出 ¼ 杯的熟米饭，放在紫菜上。双手蘸水，用手将米饭整理成薄而均匀的一层，紫菜顶部留出约 3 厘米空隙。

5. 在米饭底部向上 5 厘米处，横着摆放蔬菜，将 2 条黄瓜、3 条芦笋嫩茎、¼ 杯的腌胡萝卜与白萝卜码放整齐。将 ¼ 个牛油果切薄片放在蔬菜上。将紫菜底部带着米饭向上折叠、压在蔬菜上，可以利用竹席与保鲜膜向下将其压紧、压实，直至将寿司完全卷好。沿着紫菜顶部边缘内侧刷一些水，粘好顶部边缘。使用剩余食材，做好全部 4 个卷。

6. 将每个卷切成 6 至 8 个寿司，装盘，视个人喜好，可以同小碗日式溜酱油、腌姜与山葵酱一起端上桌。可以享用了！

印度风味烤整菜花配芫荽酸辣酱

4人份主菜或6人份配菜

无论何时，烤一整棵菜花总能吸引人们的注意，它作为一餐中的"大菜"当之无愧。在这道菜中，将抹有印度风味香辣酱的菜花，烤至金黄、脆嫩，再与漂亮的芫荽酸辣酱一起端上桌，美味十足！菜花为十字花科植物，富含抗癌化学物质与植物纤维，此外，它还含有许多其他营养物质。如果说菜花是主角，那么两种辣酱中的抗炎辛香料就是无冕之王。酸辣酱包含芫荽，这种香草可以清除人体内的自由基与重金属毒素，甚至降低人们的焦虑感。

食材	
烤菜花	**芫荽酸辣酱**
融化后的椰油或牛油果油，1汤匙	新鲜芫荽（保留叶子与嫩茎），粗略切碎，1½杯
蒜，切末，2瓣	葱，粗略切碎，2根
精细海盐，1茶匙	墨西哥哈雷派尼奥辣椒，去籽、切碎，1个
孜然粉，1茶匙	青柠或柠檬，挤汁，½个，酌情增加
芫荽籽粉，½茶匙	牛油果油，1汤匙
姜黄粉，½茶匙	椰子花糖或枫糖浆，1茶匙（视个人喜好选择）
墨西哥安丘辣椒粉，½茶匙	孜然，½茶匙
姜粉，¼茶匙	芫荽籽，¼茶匙
一整棵菜花	精细海盐，¼茶匙

做法

1. 烤箱预热至200℃。将直径25厘米左右的铸铁平底锅放在烤箱内中层烤架上。另取耐热小号平底锅，放入适量的水，将锅放在烤箱内底层（用于产生水蒸气）。

2. 取碗，放入油、蒜、海盐与辛香料，搅拌后的香辣酱放置一旁。将菜花洗净、晾干。取砧板铺好，将菜花倒置在砧板上，削掉底部的大片叶子。仔细切掉茎基部，保留完整花头。如有剩余叶子，一并切去。

3. 将约¼的香辣酱刷在菜花的底部，再将菜花翻过来，正面朝上，将剩余香辣酱全部刷在菜花上，尽量刷到所有缝隙。

4.将菜花正面朝上放置在预热后的铸铁平底锅上烘烤，直至用刀可以轻易戳进花茎，菜花变得金黄、软嫩，大约需要 45 至 50 分钟（具体时间取决于个人喜好的软嫩程度）。

5.同时制作酸辣酱。取搅拌机，放入芫荽、葱、墨西哥哈雷派尼奥辣椒、青柠汁或柠檬汁、油、椰子花糖或枫糖浆（视个人喜好选择）、孜然、芫荽籽、海盐、2 汤匙水，搅拌直至细滑，酌情继续加水，直至酱汁细腻。用海盐、青柠汁或柠檬汁、椰子花糖调味。

6.将菜花取出放在砧板上，改刀成小块，浇淋酸辣酱、端上桌，开始食用。

泰式蔬菜咖喱

4 人份

这道菜品中，泰式红咖喱的辛香料具有较强的抗炎功效，可以在细胞层面保护我们的身体。也许你猜到了，它还可以使我们感到身体健康、坚强有力！可以视个人喜好选用其他种类蔬菜或者利用手头的食材。

小贴士：如果想增加这道菜中的蛋白质含量，可以在咖喱酱中加入豆腐块或熟鸡肉，微微烧开，直至热透，大约需要 10 分钟。

食材	
西蓝花，掰成小朵，1杯	红色柿子椒，去籽、切丝，½个
四季豆，改刀成5厘米长，1杯	胡萝卜，去皮、改刀成小细条，2个
泰式红咖喱酱，3汤匙	蒜，切末，2瓣
椰子酱油，2汤匙	鲜姜，去皮、切碎，1茶匙
青柠，取皮、切碎，½个	罐装椰奶，1罐（约400毫升）
青柠，挤汁，1个（视个人口味增减）	箭叶橙叶子，3片（视个人喜好选择）
椰油或牛油果油，2汤匙	甜脆豆，改刀成5厘米长，1杯
黄洋葱，切碎，½个	蒸糙米、青柠块，用于佐餐
精细海盐	

做法

1. 起小号煮锅，加入半锅水和少许海盐，煮沸，放入西蓝花焯水直至脆嫩，大约需要1至2分钟。用漏勺将西蓝花捞出并放入水槽中的滤盆里。将锅内水重新烧开，放入四季豆焯水直至脆嫩，大约需要1至2分钟。倒入滤盆中，与西蓝花一起用冷水冲洗直至变凉。放置一旁。

2. 取小碗，放入泰式红咖喱酱、椰子酱油、青柠皮与青柠汁，搅拌，做成咖喱酱。

3. 起一只深炒锅，开中火，放1汤匙椰油或牛油果，烧热油。放入洋葱和一撮海盐翻搅，直至洋葱变软。再加1汤匙油，放入柿子椒、胡萝卜、蒜末、姜，略微翻搅，直至蔬菜变得脆嫩。

4. 将咖喱酱倒入蔬菜中，如果使用椰奶与箭叶橙叶子，一起放入蔬菜中。再放入甜脆豆、煮好的西蓝花和四季豆。微微烧开后，调至小火，保持微微烧开状态，直至蔬菜变软嫩。

5. 捡出蔬菜中的箭叶橙叶子。取4只浅碗，盛入米饭，用长柄汤勺将咖喱酱浇淋在米饭上。在每只碗中挤一点青柠汁。趁热端上桌，开始食用。

纯素食腰果奶酪蛋糕配紫色水果

12 个迷你奶酪蛋糕

也许你不会相信，这份口感格外细腻的奶酪蛋糕完全是纯素食、无麸质食品！香草口味的奶酪其实是由泡好的腰果、椰奶和枫糖浆搅拌而成。可以用任何芳香、成熟、应季的水果，水果颜色越深，抗氧化剂含量越高。正因为如此，我特别喜爱黑莓、李子和蓝莓。这些水果含有黄酮类化合物，包括白藜芦醇，它可以提升人体的免疫力，预防某些癌症。

> 小贴士：对于蛋糕部分，还可以用料理机将烤核桃或碧根果打成粉末，按扁桃仁粉的用量使用即可。

食材	
蛋糕皮	**香草腰果奶酪馅料**
椰枣，去核、切碎，200 克	生腰果，1½ 杯
扁桃仁粉，½ 杯	椰奶，½ 杯
天然椰肉，切碎，¼ 杯	枫糖浆，⅓ 杯
香草精，¼ 茶匙	融化后椰油，¼ 杯
精细海盐，⅛ 茶匙	新鲜柠檬汁，3 汤匙
	香草精，1 茶匙
紫色水果	精细海盐，⅛ 茶匙
新鲜紫色水果，如李子、蓝莓、黑莓，改刀成适合入口的小块，约 3 杯	
枫糖浆或椰子花糖，2 汤匙（视个人口味增减）	

做法

1. 用水浸泡腰果，水要没过腰果，至少浸泡 4 小时，至多 1 夜；还可以在热水中浸泡 15 分钟。

2. 取标准的 12 连模玛芬松糕烤盘，刷油。裁出 12 条烤盘纸，每条约 18 厘米长，垫在各模具杯底部，使纸条两端探出模具杯口（素食奶酪蛋糕脱模时更简便）。

3. 制作蛋糕部分。取料理机，在容器中放入椰枣，打成枣泥。倒入扁桃仁粉、椰肉、香草精、海盐，充分搅匀；混合物应呈碎块状，但用手指捏时可以黏在一起。盛出 1½ 汤匙的混合物，放入每个模具杯中。用手指或小玻璃杯底部将模具杯中的混合物按压平整。将烤盘放入冷柜中，同时开始制作素食奶酪。

4. 将腰果沥干水分，放入搅拌机中，加入制作素食奶酪所需的剩余食材。高速搅拌，直至混合物细腻、柔滑，大约需要 2 分钟。

5. 取出烤盘，将混合物均匀倒入各模具杯中。将烤盘在工作台上轻轻拍一拍，把混合物中的气泡震出。封好、冷冻，直至蛋糕坚实，至少需要 3 小时。脱模时，用刀刃沿模具杯口划一圈，让素食奶酪蛋糕松动，然后捏住纸条两端将其拉出。

6. 如用枫糖浆或椰子花糖，取一只碗，与水果一并放入碗中。素食奶酪蛋糕端上桌时，在顶部点缀一大勺水果。素食奶酪蛋糕可以在冷冻后食用，也可以在室温下稍微变软后食用。（素食奶酪蛋糕可以在冷柜中保存 2 周。）

备忘录——坚强有力的小仪式

> 小贴士：选择"新鲜出土"的食材，用菜市场替代药店。"植物药丸"不但有效，而且好吃又美味。

浆果	未加工的蜂蜜
芜菁	绿叶菜
接骨木提取物	柠檬
发酵食物	抹茶
蒜	蘑菇
姜	富含益生菌的食物
香草，如芜菁、欧芹、牛至、迷迭香、圣罗勒	姜黄

调整环境，增强内心力量

看一看你的就餐环境、卧室、办公室等你常待的地方。家具的布局如何？置身其中，你的状态如何？是内心力量强大、有主导感，还是隐隐感到不安、焦虑、担惊受怕？

当我们坐或卧的位置可以看到房间的门口而且身后有一堵坚实的墙时，会本能地感到安全、内心力量强大、坚强有力。试一试挪动办公桌、床等家具，以便无遮挡地环顾四周，也许你会感到即刻的转变！

社会心理学有一个分支，名为"环境心理学"，专门研究物理环境对个体身心健康的影响。该学科发现，家具的摆放位置确实对我们的心理压力大小及免疫系统产生影响。

舒心自在

燕麦煎饼配香蕉片

4 至 6 人份

这道燕麦煎饼松软可口、无麸质，会带你踏上记忆之旅。肉桂为煎饼增添一股暖意，营造出舒心的氛围，而香蕉泥在带来天然香甜口味的同时，又为这道美食添加钾元素，钾是天然的肌肉松弛剂。

食材	
燕麦粉，1 杯	鸡蛋，2 个
糙米粉，½ 杯	植物奶，¼ 杯，酌情增加
非快熟传统燕麦片，⅓ 杯	融化后椰油，2 汤匙，适量增加，用于煎制
泡打粉，2 茶匙	香草精，½ 茶匙
精细海盐，½ 茶匙	黄油，用于佐餐（视个人喜好选择）
肉桂粉，½ 茶匙	枫糖浆，用于佐餐（视个人喜好选择）
肉豆蔻粉，¼ 茶匙	巧克力，融化后用于浇淋（视个人喜好选择）
香蕉（成熟但不要发黑），3 根	

做法

1. 取中号碗，倒入燕麦粉、糙米粉、燕麦片、泡打粉、海盐、辛香料，搅拌均匀。另取小号搅拌碗，放入一根香蕉，用叉子背部将香蕉碾成细泥。放入鸡蛋、植物奶、椰油、香草精，搅拌均匀。

2. 将湿料倒入干料中，用搅拌器搅拌均匀。静置约 10 分钟。如果面糊过于浓稠，再倒入一些植物奶。将剩余 2 根香蕉改刀成硬币形状的香蕉片。

3. 起大号煎锅或平底煎板，开中火，刷椰油。油锅热时，倒入适量面糊；视煎锅大小，可以同时做 2 至 3 张饼。在每张煎饼上铺一层香蕉片。

4. 等待煎饼胀大、底面金黄，大约需要 2 分钟。用木铲将煎饼翻面，继续煎，直至表面金黄、煎透，大约再需要 2 分钟。酌情调节火量。

5. 煎饼趁热端上桌；视个人喜好，可以用黄油、枫糖浆、融化后的巧克力佐餐。如需加热煎饼，可以将其放于烤盘上，放入100℃的烤箱中。

自制坚果酱树莓奇亚酱单片三明治

2人份，再留出一些坚果酱与其他果酱

每次吃花生酱果酱三明治时，我总会感到自己又回到了童年。坚果酱里的生可可粒与其他果酱中的奇亚籽为这道经典菜品赋予了成年人的乐趣。这份单片三明治在唤起怀旧情感的同时，又富含营养，称得上"超级食品"。生可可中抗氧化剂的含量几乎是所有食材中最高的。同时，生可可还含有"幸福分子"花生四烯乙醇胺，而奇亚籽又含有能够调节状态的omega-3脂肪酸。一定要为这份单片三明治抹上厚厚的坚果酱与果酱，保证你会心满意足！

小贴士：将坚果略微烤制后再打碎，做出的坚果酱口感细腻、香气四溢。

食材	
"超级食物"坚果酱	树莓奇亚酱
生腰果，1杯	新鲜树莓或解冻后的冷冻树莓，2杯
生核桃或碧根果，1杯	枫糖浆或蜂蜜，2汤匙（视个人口味增减）
生可可粒，2汤匙	柠檬皮或橙子皮，切碎，1茶匙
亚麻粉，1汤匙	柠檬汁，1茶匙
椰油，1汤匙	精细海盐，1撮
枫糖浆，2茶匙（视个人喜好选择）	奇亚籽，2汤匙
肉桂粉，1茶匙	
精细海盐，¼茶匙	普通面包或无麸质面包，2至4片，烤熟
	顶部点缀：新鲜浆果、椰肉丝，再加一些生可可粒

做法

1. 制作坚果酱。烤箱预热至180℃，在带卷边的烤盘上铺好烤盘纸，将坚果倒在烤盘纸上，铺开，不要重叠。开始烘烤，直至飘出香味、坚果呈金黄色，大约需要10分钟，时间过半时翻搅一次。放置一旁晾凉，大约需要10分钟。

2. 取料理机，将坚果倒入料理机容器内打碎，直至细滑，大约需要4至6分钟，酌情刮下容器壁上的坚果粉。放入生可可粒、亚麻籽粉、椰油、枫糖浆（视个人喜好选择）、肉桂粉、海盐。继续搅拌，直至搅拌均匀、混合物细滑，但可见细小的生可可粒，大约需要1分钟。倒入玻璃罐中，室温下可保存1周，冷藏可保存3周。

3. 制作果酱。取煮锅，放入树莓，用叉子碾碎，如果是新鲜树莓，碾碎后加入 ¼ 杯水。倒入枫糖浆或蜂蜜，搅匀。开大火煮沸，再调至中小火，保持微微烧开的状态，勤搅拌，直至树莓颜色加深、变得略微浓稠。关火，放入柠檬皮或橙子皮、柠檬汁、海盐，搅拌均匀。放入奇亚籽，搅拌均匀。放置一旁，彻底晾凉。倒入玻璃罐中或密闭容器中，冷藏至少 1 小时后端上桌。剩下的果酱可冷藏保存 1 周。

4. 在每片吐司面包上抹坚果酱，再抹果酱。在顶部放一些个人喜好的点缀，就可以享用升级版的花生酱果酱三明治了。

纯素食奶酪通心粉配奶油南瓜酱

6 人份

论最让人舒心自在的食物莫过于奶酪通心粉，而我提供的这道奶酪通心粉食普还具有一个亮点：它的沙司由奶油南瓜、腰果以及具有抗炎功效的姜黄与蒜制成，有益健康，口味丰富。加入即食酵母后，沙司获得奶酪般的口味，但同时仍然保持纯素食的本质。你可以使用普通通心粉，也可以使用无麸质通心粉，煮到口感筋道即可；将通心粉回锅，与沙司一起多煮几分钟。最终的口味值得期待！

> 小贴士：还可以换个口味，将沙司与通心粉搅拌好后，倒在抹好油的烤碟上，再撒上面包屑，在 200℃ 的烤箱中烤至金黄，大约需要 20 分钟。

食材	
生腰果，¾ 杯	即食酵母，1 汤匙（视个人口味增减）
奶油南瓜，改刀成 1 厘米小方块，300 克	苹果醋，2 茶匙（视个人口味增减）
特级初榨橄榄油，1 汤匙	姜黄，1 茶匙
黄洋葱，切碎，½ 个	红椒粉，1 茶匙
精细海盐与现磨黑胡椒	洋葱粉，½ 茶匙
蒜，切末，1 瓣	芥末酱，½ 茶匙
柠檬汁，2 汤匙（视个人口味增减）	弯管通心粉（普通、无麸质或无谷物类型），450 克

做法

1. 用冷水浸泡腰果，水没过腰果，浸泡 2 至 4 小时。沥干后倒入搅拌机中。

2.起中号煮锅，倒入奶油南瓜块和3杯水。大火烧开，再调至中小火，半掩锅盖，保持微微烧开状态，略微翻搅，直至奶油南瓜块软烂，大约需要20分钟。取一只碗，放细筛网，倒上奶油南瓜块，保留锅中水备用。将奶油南瓜块倒入搅拌机中。

3.在煮锅中倒油，开中小火加热。放入洋葱、一撮海盐翻搅，直至洋葱软嫩、呈金黄色，大约需要5分钟。加入蒜，直至飘出香味，大约需要1分钟。将洋葱与蒜倒入搅拌机中。

4.将柠檬汁、即食酵母、苹果醋、姜黄、红椒粉、洋葱粉、芥末酱、½茶匙海盐、¼茶匙黑胡椒放入搅拌机中，再倒入1½杯煮南瓜的水。开始搅拌，直至液体变得非常细腻，酌情加入热水，稀释至普通沙司的黏稠度。应比目标黏稠度略稀一些，因为沙司与通心粉搅拌后，会略微变稠。

5.起煮锅，倒入半锅水、少许海盐，大火烧开。倒入通心粉，搅拌，调至中大火，保持沸腾的状态，直至通心粉变得筋道，大约需要5至7分钟，或者按包装上说明煮熟。将通心粉倒出，放置一旁。

6.将沙司倒入煮锅，开小火加热。酌情加海盐、胡椒、柠檬汁、即食酵母、苹果醋，调至个人喜欢的口味。将通心粉倒入沙司中，搅拌均匀；起初沙司可能较稀薄，但随着搅拌、变凉，沙司会变稠。缓缓加热，直至奶酪通心粉变热。立即端上桌。（奶酪通心粉晾凉后，可以在密闭容器内冷藏5天。重新加热时，加些水稀释。）

暖心蔬菜辣豆酱

6至8人份

蔬菜辣豆酱是一道家常菜，能够滋养身心。辛香料具有抗炎功效、暖意融融，再加上丰盛的豆类食材，仿佛一个温暖的拥抱，让我们由内而外地感到暖心。辣椒、胡萝卜、玉米、番茄使这道菜品的口味与营养更加丰富。可以视个人喜好，随意混搭：用鹰嘴豆替代美洲黑豆，或者全用斑豆。剩下的辣豆酱可以冷冻保存，随吃随取。

小贴士：罐装熟豆较为方便，但我喜欢用干豆。如果你也使用干豆，那么需要将4至5杯什锦豆子煮熟。

食材	
特级初榨橄榄油或牛油果油，2汤匙	红辣椒碎，½茶匙（视个人口味增减）
黄洋葱，切碎，½个	红腰豆，洗净、沥干，450克
红色柿子椒，去籽、切碎，1个	斑豆，洗净、沥干，450克
绿色或橙色柿子椒，去籽、切碎，½个	美洲黑豆，洗净、沥干，450克
胡萝卜，去皮、切碎，1个	火烤番茄丁，带汁，1½杯
墨西哥哈雷派尼奥辣椒，去籽、切碎，1个	番茄，压碎或碾成泥，1杯
辣椒粉，3汤匙	鲜玉米粒或冻玉米粒，½杯
孜然粉，1茶匙	
精细海盐与现磨黑胡椒	葱末、牛油果碎、新鲜芫荽末，用于佐餐（视个人喜好选择）

做法

1. 取大号煮锅，开中火，热油。放入洋葱、柿子椒、胡萝卜、墨西哥哈雷派尼奥辣椒、一大撮海盐，略微翻搅，直至软嫩、开始变焦黄。倒入辣椒粉、孜然、红辣椒碎，搅拌均匀，直至飘出香味。

2. 倒入各种豆子、番茄、¾杯水。烧开，调至小火，保持微微烧开的状态，半掩锅盖，直至变浓稠、飘出香味。辣豆酱出锅前10分钟左右，倒入玉米粒。

3. 用海盐、胡椒调味。视个人喜好，用葱、牛油果、芫荽装盘，趁热端上桌，开始食用。

什锦薯条配甜菜蘸酱

4人份

一大碗香脆的什锦烤薯条，配上自制的蘸酱，带来童年记忆的同时，还能增添成年人的乐趣。你可以选用红薯、土豆、欧防风、胡萝卜，等等，只要是根茎类蔬菜，喜欢用什么，就用什么。根茎类蔬菜色彩鲜明、营养丰富，它们不仅好看，而且能让我们感到踏实，提高体内血清素的含量。一定要做甜菜蘸酱，它真的能让你大饱口福。此外，它还是绝佳的抹酱，可以抹在蔬菜汉堡和鹰嘴豆泥吐司上，同时，它还可以作为各种蔬菜的蘸酱，如生芹菜、生柿子椒、烤得脆嫩的芦笋。

小贴士：如果想保留蔬菜的淳朴风味，各种根茎类蔬菜都不要去皮。如果你平常爱吃蘸酱，那就把食材用量换成双份。

食材	
什锦薯条	甜菜蘸酱
红薯，中等大小，1个（约250克）	甜菜，中等大小，削去根须、叶子，去皮，2个（约270克）
胡萝卜，中等大小，3个（约180克）	苹果醋，½杯
欧防风，中等大小，2个（约180克）	黄洋葱或红洋葱，切碎，2汤匙
橄榄油或牛油果油，2汤匙	椰子花糖，1汤匙
新鲜扁叶欧芹，切碎，2汤匙	精细海盐，¼茶匙
新鲜芫荽，切碎，2汤匙	芫荽籽粉，¼茶匙
精细海盐与现磨胡椒	丁香粉，1撮

做法

1. 制作甜菜蘸酱。烤箱预热至200℃。将每个甜菜改刀成8块，放在小烤碟中，并倒入¼杯水，盖好，烘烤，直至甜菜变软，大约需要45分钟。取小号煮锅，将甜菜块及汁水一同倒入，再放入制作蘸酱所需的剩余食材。中大火烧开，再调至小火，半掩锅盖，保持微微烧开的状态，略微翻搅，直至汁水略有减少、甜菜非常软烂，大约需要25分钟（如果甜菜还未变软烂，但汁水已经减少，那么向锅内倒入些许开水，继续煮）。将甜菜及汁水一起倒入搅拌机或料理机中，打成细滑的菜泥，视黏稠程度可倒入些许水。用海盐、胡椒调味。倒入密闭容器内，在室温下晾凉，可冷藏保存1周。

2. 制作什锦薯条。将2只烤架平行放在烤箱中间，烤箱预热至220℃。削去红薯根须，纵向改刀成1厘米厚的红薯片，将红薯片擦在一起，再改刀成 1 厘米的宽条。放入一只宽大的碗中。将胡萝卜横向改刀为 2 段，每段纵向改刀为 4 块、每块 1 厘米的宽条。将欧防风纵向改刀为 2 段，再将每段改刀为 1 厘米的宽条。

3. 给这些薯条均匀裹一层油，然后分开放在 2 张带卷边的大烤盘上，红薯条放在其中一个烤盘上，胡萝卜条与欧防风条放在另一个烤盘上，薯条之间不要重叠，也不要彼此紧挨。

4. 开始烘烤，直至薯条底部呈金黄色，大约需要 13 分钟，时间过半时给烤盘转向。将薯条翻过来，使其均匀受热，继续烘烤直至另一面也呈金黄色，大约再需要 6 至 9 分钟，同样，时间过半时给烤盘转向。烘烤总用时为 19 至 22 分钟，薯条应外焦里嫩。（视个人喜好，可以在关停烤箱后让薯条继续在烤箱内保温 10 分钟。）

5. 将薯条倒在大浅盘上，撒上切好的欧芹与芫荽，用海盐、胡椒调味。趁热端上桌，与甜菜蘸酱一起食用。

备忘录——舒心自在的小仪式

> 小贴士：我们的食物要有益身心健康，仿佛一个拥抱，让我们由内而外地感到舒心。

原生谷种	玉米
牛油果	坚果
豆类	南瓜籽
鹰嘴豆	大米
肉桂	三文鱼
椰奶	草莓
深绿叶菜	红薯
葡萄	火鸡肉
兵豆	核桃

营造一个遮风避雨的舒心港湾

想象一下：曲奇饼干从烤箱中散发出香味；屋外风雨交加，而你依偎在暖和的被褥中；睡衣刚刚在烘干机中烘干，穿上身时给人一种干净、清新、温暖的美好状态。

那么，我们如何营造自己的家，才能感到置身于一个舒心自在、爱意融融的拥抱中呢？

例如，可以在家中辟出一个舒心角，使其拥有一切舒适、惬意的元素。可以放一把安乐椅、一张毯子、多放几个靠枕（难道不是多多益善吗）、一摞书、一张百看不厌并勾起美好回忆的家庭合影、一壶茶、几支蜡烛，以及其他让你感到被拥在怀中的物品。

留出时间依偎在你的舒心角里，每周至少一次。读一本书，双手捧一杯暖茶，看着烛光摇曳，或者干脆什么也不做。为自己安排这样的舒心时刻，可以修复你的神经系统，还可以对免疫系统产生积极效果。

感官满足

什锦小吃大拼盘

2 人份（或更多）

想让客人赞不绝口？那就做一份色香味无与伦比的什锦小吃大拼盘！做这份拼盘不需要遵循什么章法，我在这里提供的不是一份食谱，而是一个思路。你只需要采买一些食材、切切剁剁，就能做出一份丰富多彩的小吃荟萃。紧紧围绕"感官满足"这个主题，酝酿目标状态。

蔬菜

要想身体结实、增强营养、增添色彩与脆嫩的口感，新鲜蔬菜是关键食材。焯过的芦笋嫩茎、芹菜茎、柿子椒切丝等蔬菜都是撩拨感官的一把好手。不过，想获得最好的口味，最好去附近的菜市场看看有哪些应季食材。此外，烤蔬菜或腌蔬菜也是拼盘中不可少的元素。

蘸酱

看看哪些蘸酱能够衬托食材撩拨感官的属性：蒜味鹰嘴豆泥、牛油果酱、罗勒松子青酱。（小提示：如果时间不充裕，可以去超市购买，货架上有大量现成的蘸酱。）将这些诱人的蘸酱装入小碗并摆在拼盘中。

饼干与薯片

饼干与薯片总能增添酥脆的口感，无论是蘸酱、抹酱，还是用奶酪点缀，都是无可挑剔的美食。

水果

新鲜、应季的水果与蔬菜一样，能为拼盘增添丰富的口味和营养，同时还能提升我们的兴致。草莓片、无花果块、西瓜块、一串红葡萄都能最大限度地提高人体内力比多的含量。

奶酪

视用餐人数，在拼盘中放入 1 至 3 种牛奶奶酪或纯素食奶酪，它能与蔬菜、蘸酱、饼干、水果相得益彰。一定要看看是否有新上市的新型奶酪，其中不含牛奶，是用坚果制成的，而且可以作为抹酱。

有滋有味的元素

用一碗咸橄榄或香脆的烤坚果就可以为拼盘增添一种有滋有味的元素。要想获得感官满足，扁桃仁、开心果、核桃都是榜上有名的食材。

一抹甜蜜

为各色小吃增添一抹甜蜜，可以用几块优质黑巧克力或浇淋一些蜂蜜（与奶酪或水果搭配效果奇佳）。

◆◆◆

布置拼盘：可以选一张木砧板、奶酪拼盘、大浅盘，甚至是烤盘，将所有食材凑到一起，要注意摆盘效果。先将蘸酱碗、抹酱碗、坚果碗、橄榄碗摆在拼盘上，再将其他食材布置其间。可以将水果与蔬菜改刀成不同的形状，然后将不同颜色穿插摆放，以达到最佳视觉效果。享受这个过程中的乐趣，而不要考虑拼盘是否完美。简单一些，这样你才能放松下来。

芦笋沙拉配青酱醋汁

4 人份

新鲜芦笋象征着春天，它富有泥土的气息，在烘烤的过程中，会产生一丝甜意。芦笋含有叶酸，有助于提升人体内组胺含量，这是一种有益身心的重要成分。青酱醋汁因含有松子而富含油脂，松子含有锌元素，有助于合成性激素，如睾酮与催乳素。这道菜品虽然简单，但能激发感官，在此基础上，你可以充分利用手头现有的蔬菜。

小贴士：春季，我常用的食材还包括甜脆豆切段、烤甜菜丁、球茎茴香切丝、红心萝卜切丝、成熟牛油果切丝。

食材	
松子，略微烤制，¼ 杯加 2 汤匙	特级初榨橄榄油，⅓ 杯加 1 汤匙，酌情增减
新鲜罗勒叶，2 杯	精细海盐与现磨黑胡椒
帕尔玛奶酪（乳制品或纯素食均可），切碎，3 汤匙	芦笋嫩茎，450 克
红酒醋，1 汤匙	什锦小生菜或芝麻菜，2 杯
新鲜柠檬汁，1 汤匙	

做法

1. 制作青酱醋汁。取料理机，放入 ¼ 杯松子，打碎。放入罗勒叶、帕尔玛奶酪、红酒醋、柠檬汁，打碎，直至罗勒叶细碎、酱汁搅拌均匀。刮下容器壁上的碎渣。料理机运转时，倒入 ⅓ 杯油，形成细滑酱汁，视黏稠度酌情加量。倒入碗中，用海盐、胡椒调味。

2. 烤箱预热至 200℃。将芦笋嫩茎的坚硬一端切掉。在带卷边的烤盘上铺好烤盘纸，放入芦笋嫩茎，浇淋 1 汤匙油，用海盐、胡椒略微调味。开始烘烤，直至芦笋嫩茎略微变软，大约需要 3 至 5 分钟（具体时间取决于芦笋嫩茎的粗细）。倒在砧板上，晾凉至手可以触摸时，改刀成适合入口的小段，视个人喜好，也可以保留芦笋嫩茎的完整长度。

3. 取一只碗，放入什锦小生菜、2 汤匙青酱醋汁，搅拌均匀，摆在一只大浅盘上。放上芦笋嫩茎，浇淋一些青酱醋汁。用剩余 2 汤匙松子装盘、端上桌，青酱醋汁如有剩余，可用于佐餐。

烤嫩皮南瓜配无花果拌芝麻酱

4 人份

说实话，无花果是世上最撩人的水果。这道菜品中，可以选用任何南瓜品种——奶油南瓜、日本南瓜、板栗南瓜，但我偏爱嫩皮南瓜，因为这种南瓜不用削皮，而且改刀成南瓜圈，烤熟后非常漂亮。将芝麻菜垫在所有食材下面，芝麻菜富含锌元素，可以促进人体血液的流动；最后，为整道菜配上雅致的柠檬味中东芝麻酱浇汁。

小贴士：如果选用其他品种的南瓜，要削皮和挖掉南瓜籽，再改刀成 1 厘米厚的南瓜圈，并酌情调节烹饪时长。

食材		
南瓜沙拉	**中东芝麻酱浇汁**	
嫩皮南瓜，1000 克	中东芝麻酱，¼ 杯	
红洋葱，切丝，½ 个	新鲜柠檬汁，¼ 杯	
橄榄油，2 汤匙	特级初榨橄榄油，2 汤匙	
精细海盐与现磨黑胡椒	精细海盐，¼ 茶匙	
芝麻菜，4 杯	黑胡椒，1 撮	
成熟新鲜无花果，削去根须，每个切成 4 瓣，4 个		
烤芝麻，2 茶匙		
新鲜扁叶欧芹，切碎，1 汤匙		

做法

1. 制作中东芝麻酱浇汁。取小号碗，放入中东芝麻酱、柠檬汁、橄榄油、海盐、胡椒，搅拌。用 2 汤匙水稀释（酌情增减水量），调至可以均匀倒出的稀稠状态，放置一旁。

2. 烤箱预热至 200℃。将南瓜改刀成 1 厘米厚的南瓜圈，用勺挖去南瓜籽。在带卷边的烤盘上铺好烤盘纸，将南瓜圈放置于一侧，将洋葱丝放置于另一侧。在南瓜圈与洋葱丝上浇淋橄榄油，用海盐、胡椒调味，轻轻搅拌，使其裹匀，然后摆为平整的一层，每片食材之间不要彼此紧挨。

3. 开始烘烤，翻搅洋葱丝 1 至 2 次，直至洋葱丝与南瓜圈变嫩、呈焦黄色，洋葱丝大约需要 15 分钟，南瓜圈大约需要 25 分钟。（洋葱丝烤好后，取出、倒入餐盘中，同时继续烘烤南瓜圈。）南瓜圈烤好后，将烤盘放置一旁略微晾凉。

4.将芝麻菜在餐盘上摆开，再将烤好的南瓜圈与洋葱丝放在上面，摆为平整的一层。淋一些中东芝麻酱浇汁，再放上无花果。用芝麻、欧芹装盘，端上桌，开始食用。

辛香巧克力碎曲奇即食面团

4 人份

鹰嘴豆也可以做甜品，你也许会对此感到惊讶。在这道让人垂涎的甜点中，还有更多的意外等着你去发现。它包含多种撩人感官的食材，让人沉湎其中：坚果酱可以带来滑润的口感，枫糖浆可以增添恰到好处的甜蜜口感，肉桂是一种具有温热属性的辛香料，姜可以促进人体血液流动。

小贴士：如果不希望即食面团中包含坚果，那么可以用葵花籽酱代替坚果酱。

食材	
鹰嘴豆，沥干、冲洗干净，450 克	肉桂粉，½ 茶匙
扁桃仁酱或腰果酱，¼ 杯	姜粉，½ 茶匙
枫糖浆，¼ 杯	小豆蔻粉，¼ 茶匙
扁桃仁粉或燕麦粉，¼ 杯	小苏打，⅛ 茶匙
扁桃仁奶、腰果奶或燕麦奶，2 汤匙	精细海盐，⅛ 茶匙（视个人口味增减）
亚麻籽粉，1 汤匙	巧克力碎，½ 杯
香草精，1 茶匙	

做法

1.取料理机，将除巧克力碎之外其他所有食材放入容器中打碎，直至细滑，大约需要 2 分钟，酌情用橡胶铲刮下容器壁上的碎渣。

2.将混合物倒入碗中，放入巧克力碎，搅拌均匀，封好后冷藏至少 30 分钟。取出，用小碗配小勺端上桌。（放入密闭容器中冷藏，可以保存 5 天。）

辣味巧克力挞

1 份大挞或 4 份小挞

这份双层巧克力挞口感润滑，口味浓香，非常诱人。巧克力包含一种名为苯乙胺的化合物，可以激发人体分泌内啡肽（一场酣畅淋漓的运动后，身体会分泌这种化学物质，使我们感到愉快）与调节状态的多巴胺。卡仕达酱中放入辣椒后，激发了活力。辣椒中的辣椒素可以使人体产生热量，促进血液循环。想要微辣的口感，加 1 根辣椒；想要热辣的口感，就用 2 根辣椒。

> 小贴士：挞皮由无麸质的巧克力面团烤制而成；如果只需要普通的无麸质面团，那么将木薯淀粉用量增加至 ½ 杯，完全代替可可粉即可。如果用亚麻蛋作为馅料，那么将 1 汤匙亚麻籽粉与 3 汤匙温水在小碗中搅拌均匀，静置 10 分钟，形成凝胶状馅料；另外，还可以用奇亚籽代替亚麻籽。

食材	
挞皮	天然可可粉，过筛，3 汤匙
精米粉，½ 杯	玉米淀粉，2 汤匙
扁桃仁粉，½ 杯	椰子花糖，⅓ 杯
天然可可粉，½ 杯	肉桂粉，¼ 茶匙
椰子花糖，3 汤匙	精细海盐，¼ 茶匙
木薯淀粉，2 汤匙	墨西哥安丘干辣椒，去籽，撕为 4 瓣，1 至 2 个
精细海盐，½ 茶匙	黑巧克力，切碎，90 克
未融化的椰油，⅓ 杯	香草精，½ 茶匙
鸡蛋，取蛋黄（或 1 个亚麻蛋，见小贴士），1 个	
冷水，2 汤匙	**打发椰奶油**
	有机椰奶油或有机椰奶，在冰箱中冷藏 1 夜，400 毫升
辣椒卡仕达酱馅料	枫糖浆或椰子花糖，1 汤匙
全脂椰奶，400 毫升	香草精，½ 茶匙

做法

1. 制作挞皮。取料理机，在容器中放入精米粉、扁桃仁粉、可可粉、椰子花糖、木薯淀粉、海盐，搅拌均匀。放入椰油，搅拌均匀，大约需要 20 秒钟。放入蛋黄（或亚麻蛋）、水搅拌，直至形成湿润面团，用指尖按压时，轻易成形，大约需要 30 秒钟。

2. 如果要做 4 份小挞，那么取 4 个直径 10 厘米的脱底挞模，刷油，并将面团平均分为 4 份；如果要做 1 份大挞，那么取 1 个直径 24 厘米的脱底挞模。将面团轻轻放入挞模中，按压，使其填满挞模，可以用一只小玻璃杯的底部将面团表面压平。将挞模放在烤盘上，冷藏至少 30 分钟，至多 1 夜。

3. 烤箱预热至 190℃，开始烘烤，直至挞皮看上去定型，大约 15 分钟。取出烤盘，放在冷却架上晾凉。

4. 制作卡仕达酱。将椰奶倒入煮锅中，如果分层，搅拌均匀。将 ⅓ 杯椰奶倒入一只中号碗中，放入可可粉、玉米淀粉、椰子花糖、肉桂粉、海盐，搅拌至细滑糊状。放置一旁。

5. 将墨西哥安丘干辣椒放入煮锅中的剩余椰奶中，开中大火加热，微微烧开。关火、盖上锅盖，放置一旁，让食材的味道融合，需要 10 分钟。

6. 将细筛网放置在可可粉糊的碗上，将椰奶辣椒混合物倒入，去除辣椒。搅拌碗中的食材，直至细滑，再倒入煮锅中，开中小火，微微烧开，用搅拌器不停地搅拌，直至混合物黏稠、光亮、细滑，将勺子放入时，可以在勺子背面形成一层，大约需要 4 分钟。关火，放入黑巧克力、香草精搅拌，直至巧克力完全融化、混合物细滑。

7. 将卡仕达酱立即倒入做好的挞皮中，使其光滑、平整。为防止起皮，用烤盘纸盖好，并直接压在卡仕达酱上。冷藏直至充分定型并冷却，至少需要 2 小时，至多 1 夜。

8. 制作打发椰奶油。取一只搅拌碗，搅打奶油前先把碗放入冰箱中 15 分钟。从冰箱中取出椰奶，注意不要摇晃或倾斜，挖出椰奶油或椰奶的固体部分并放入冷藏后的搅拌碗中，不要倒掉液体部分。放入枫糖浆或椰子花糖、香草精，与冷藏后的椰奶油一起用电动搅拌器搅动，直至可以立起来，形成细滑、柔软的打发奶油。如果打发椰奶油过于厚重或黏稠，加入椰奶中的少量液体部分，使其细滑。

9.去掉挞模，将每一个小挞放在一个餐盘上，或者将大挞切成扇形、放在餐盘上，用打发椰奶油在挞上裱花，端上桌。

备忘录——感官满足的小仪式

> 小贴士：选择的食物要能促进身体血液循环，能够为身体补充水分、润肠通便（这一点很重要）。

芦笋	兵豆
豆类	玛卡粉
小豆蔻	牡蛎
肉桂	松子
辣椒	南瓜籽
黑巧克力	虾米
无花果	草莓
蒜	西瓜
蜂蜜	全谷物

放纵感官……过一次水中假期

你可以享受感官满足的美好生活……即便此刻你还没有伴侣，也是如此。关键不在于你和谁在一起，而在于培养自己的思维模式，将呵护自己作为重中之重。

要做一场激发感官的美妙仪式，可以悠闲地泡一次泡泡浴，不过不要草率了事，而要郑重其事，仿佛安排一次水中假期。轻轻揉搓全身，默默向身体的各个部位道一句谢："我的双腿，谢谢你们带我走遍世界。我的胃，谢谢你坚守中心岗位，保障身体上下运转正常……"对身体表达感恩越多（批评越少），就会越自信、越坚定，感官上越满足。

从容镇定

蓝莓扁桃仁玛芬松糕点缀坚果碎

12 个玛芬松糕

做这道松软、无麸质的玛芬松糕，体验烘烤过程的治愈功效。蓝莓富含维生素 C 等多种抗氧化剂，能够缓解紧张、焦虑，对我们的饮食起到有益的补充。把酥脆的巴西栗与扁桃仁放在顶部作为点缀，不但增添了风味与口感，而且具有舒缓情绪的效果。也许你不知道，单单一颗巴西栗中的硒元素就能满足我们一天的需求，这种微量元素与缓解焦虑、稳定情绪之间存在关联。扁桃仁含有镁元素，也可以缓解压力。

> 小贴士：你可以用树莓或黑莓碎代替蓝莓，还可以在面糊中加入 1 茶匙细碎的柠檬皮，让香味扑鼻。

食材	
玛芬松糕	**酥脆坚果碎顶部点缀**
扁桃仁粉，1 杯	非快熟传统燕麦片，⅓ 杯
米粉，¾ 杯	烤巴西栗，切碎，½ 杯
木薯淀粉，⅓ 杯	烤扁桃仁，切碎，⅓ 杯
泡打粉，2 茶匙	扁桃仁粉，3 汤匙
小苏打，¼ 茶匙	融化后椰油，2 汤匙
精细海盐，¼ 茶匙	枫糖浆，2 汤匙
天然扁桃仁奶或燕麦奶，¾ 杯	香草精，¼ 茶匙
枫糖浆或椰子花糖，⅓ 杯	精细海盐，1 撮
融化后椰油，⅓ 杯	
鸡蛋，2 个	**纯素食、无糖款**
香草精，1 茶匙	用 1 个成熟香蕉碾成泥代替枫糖浆；再用 2 汤匙亚麻籽粉与 5 汤匙温水做成 2 个亚麻蛋，代替鸡蛋。这样就能做出同样美味但外壳更加松脆、内部更加细腻的玛芬松糕
新鲜蓝莓，180 克	

做法

1. 烤箱预热至 190℃，取标准的 12 连模玛芬松糕烤盘，将烤盘纸垫在各模具杯底部。

2. 制作坚果碎顶部点缀。取料理机，在容器中放入燕麦片，大约打 5 次，直至燕麦片略微打碎。放入巴西栗与扁桃仁，直至打碎，但仍保留一些可辨识的小颗粒。放入扁桃仁粉、椰油、枫糖浆、香草精、海盐，继续搅拌，直至混合物成团。放置一旁。

3. 取大号碗，放入扁桃仁粉、米粉、木薯淀粉、泡打粉、小苏打、海盐，搅拌均匀。另取一只碗，放入扁桃仁奶或燕麦奶、枫糖浆或椰子花糖、椰油、鸡蛋、香草精，搅拌均匀。将湿料倒入干料中搅拌，直至形成细滑的面糊。放入蓝莓，搅拌。

4. 将面糊倒入准备好的模具杯中，使面糊高度接近模具杯口，均匀分配坚果碎点缀，放在各模具杯的面糊上，让面糊在模具杯中静置 5 分钟，然后放入烤箱中烘烤，直至用牙签戳进玛芬松糕中心后，拔出来时不粘连，大约需要 23 至 25 分钟。取出烤盘并放在冷却架上晾凉，至少需要 20 分钟，然后将玛芬松糕从模具杯中取出、端上桌，开始食用。

姜黄味爆米花

2 至 4 人份

也许你不知道，酥脆的食物有助于减缓紧张情绪。抓一把新鲜出炉的姜黄味爆米花来吃，也许你就会变得从容镇定。研究报告显示，姜黄的主要活性成分姜黄素能够使人脑释放血清素与多巴胺，从而减轻焦虑症状。要充分获得姜黄的益处，不要忘记加入黑胡椒，它可以提高姜黄功效的生物可利用度。此外，吃过爆米花后，要先洗手，以防把姜黄明亮的颜色抹到家具或衣服上！

> 小贴士：即食酵母属于非活性酵母，富含 B 族维生素，增加它的用量可以在不使用奶酪的前提下获得奶酪般的口味。

食材	
即食酵母，2 汤匙（视个人口味增减）	现磨黑胡椒，⅛ 茶匙
姜黄粉，½ 茶匙	椰油或酥油，2 汤匙
大蒜粉，½ 茶匙	玉米粒，½ 杯
精细海盐，½ 茶匙，酌情增减	

做法

1. 取小号碗，放入即食酵母、姜黄粉、大蒜粉、海盐、胡椒，搅拌均匀。放置一旁。

2. 起大汤锅，开中大火，加热椰油或酥油，放入 3 至 4 个玉米粒。当玉米粒爆开花时，放入剩余玉米粒，将玉米粒铺开，不要重叠。盖上锅盖，转至中火，继续加热，略微摇动汤锅。

3. 当锅内玉米粒爆开的声音逐渐减少，直至每 10 秒只有几个爆开的声音时，关火。将玉米粒倒入大号碗中，撒上准备好的调味料，颠一颠碗，使爆米花均匀粘上调味料。用海盐调味。立即端上桌，开始食用。

缤纷假日沙拉

4 人份

切菜的过程能让我们的心静下来，所以，在准备这道食材丰盛、口味丰富的沙拉时，将节奏放缓，心神安宁下来。接下来，蛋白质、膳食纤维、有益脂肪就会各显神通，为我们稳定血糖、调节状态。绿叶菜与豆类可以提供充足的镁元素，同时，五颜六色的蔬菜能够提供各种植物营养素。辣椒青柠味油醋汁可以给我们带来活力，可视个人喜好调味。爱吃辣，就加 1 撮卡宴辣椒；爱吃甜味，就加少许蜂蜜。甚至可以用柠檬代替青柠。要想进一步增加脆嫩的口感，可以用沙拉配酥脆的墨西哥玉米片。

食材	
沙拉	辣椒青柠味油醋汁
嫩叶羽衣甘蓝、羽衣甘蓝切丝或什锦生菜，4 杯	牛油果油，½ 杯
藜麦，做熟，1 杯	青柠汁，¼ 杯
美洲黑豆，洗净、晾干，450 克	苹果醋，1 汤匙
玉米粒（新鲜或冷冻的均可），做熟，½ 杯	芫荽叶，1 汤匙
精细海盐与现磨黑胡椒	蜂蜜，1 茶匙（视个人喜好选择）
红色柿子椒，烤过或生的，切碎，⅓ 杯	辣椒，如墨西哥安丘辣椒或奇波雷辣椒，磨粉，½ 茶匙
萝卜，改刀成细薄片，4 个	孜然粉，¼ 茶匙
圣女果，改刀成 4 瓣，1 杯	精细海盐，¼ 茶匙
成熟牛油果，去皮、去核，切成薄片，1 个	
新鲜芫荽叶，切碎，用于装盘	

做法

1. 制作辣椒青柠味油醋汁。取搅拌机，放入所有食材，开始搅拌，直至搅拌均匀。倒入一只碗中。

2. 将绿叶菜放入一只大号碗中，浇淋 2 汤匙油醋汁，轻轻搅拌均匀，然后平均倒入 4 只餐盘中。将藜麦、黑豆、玉米粒倒入碗中，浇淋 2 汤匙油醋汁，轻轻搅拌均匀。用海盐、胡椒调味。用勺将藜麦混合物平均舀到 4 盘绿叶菜上，做成沙拉。在沙拉上点缀柿子椒、萝卜、圣女果、牛油果，再浇淋少许油醋汁，用芫荽装盘。与剩余油醋汁一起端上桌，开始食用。

烤菜花配番茄藏红花沙司

4 至 6 人份

这是一份多合一的食谱：一份可口的番茄沙司；一份轻松烤什锦菜花，如菜花、西蓝花；一份煸炒蒜香绿叶菜。虽然这些食材都能让人从容镇定，但这道菜的亮点是藏红花。藏红花也称"阳光香料"，经研究可以调节人体内多巴胺、去甲肾上腺素、血清素的含量，从而有助于缓解焦虑、抑郁症状，少许用量就可以发挥很大的作用，而且它与番茄沙司混合时，能产生神奇的效果。到了夏季，选用应季、新鲜、成熟的番茄，去皮、去籽、切块。做什锦菜花时也很有趣：可以只用一种菜花，也可以加入紫色菜花、黄色菜花、浅绿色的宝塔菜花和西蓝花！

> 小贴士：虽然藏红花听上去像是遥远异域的食材，但现在可以轻易买到，并且用几根细丝就够了。

食材	
番茄藏红花沙司	**烤什锦菜花与绿叶菜**
特级初榨橄榄油，2 汤匙	菜花、西蓝花、宝塔菜花，瓣成小朵，700 克
黄洋葱，切碎，½ 个	特级初榨橄榄油，2 汤匙
精细海盐与现磨黑胡椒	精细海盐与现磨黑胡椒
藏红花细丝，½ 茶匙（松散状）	蒜，切末，1 瓣
罐装整番茄，1 罐（约 830 毫升），带汁水	新鲜绿叶菜，如宽叶羽衣甘蓝、菠菜、羽衣甘蓝或瑞士甜菜，切碎，250 克
绿橄榄或黑橄榄，切片，¼ 杯（视个人喜好选择）	新鲜扁叶欧芹，切碎，2 汤匙，用于装盘

做法

1. 制作番茄藏红花沙司。起煮锅，开中大火，热油。放入洋葱、1 撮海盐，略微翻搅，直至洋葱变嫩、呈金黄色。放入藏红花、翻炒，直至飘出香味，大约需要 30 秒钟。调至小火，用手将番茄碾烂，与汁水一起倒入锅中。加入 ¼ 茶匙海盐、少许现磨黑胡椒。调至中大火烧开，再调至小火，保持微微烧开的状态，半掩锅盖，直至番茄呈沙司状、飘出香味。如果使用橄榄，将橄榄倒入，用海盐、胡椒调味。关火，盖上锅盖，保温。

2. 烤箱预热至200℃。将小朵菜花放在带卷边的大烤盘上，浇淋1汤匙油，用海盐与胡椒调味。将菜花摊开，形成均匀的一层，开始烘烤，期间将菜花翻转1至2次，直至菜花脆嫩、呈现些许漂亮的金黄色，大约需要20分钟。

3. 烘烤菜花期间，制作绿叶菜。起大号重煎锅，开中火，倒入剩余1汤匙油，热油。放入蒜末。当蒜末受热发出咝咝声时，放入绿叶菜。用海盐、胡椒调味。翻炒，直至绿叶菜发蔫、变嫩，大约需要2至5分钟，具体时间取决于绿叶菜的种类。

4. 将绿叶菜均匀盛到每个餐盘中，或者盛到一个大浅盘中、摆开，放上烤什锦菜花，再用勺将沙司浇淋在菜花上。用欧芹装盘、立即端上桌，开始食用。（剩下的沙司可以倒入密闭容器内，冷藏保存1周。）

烤红薯鹰嘴豆泥汤

4 至 6 人份

这道汤中的辛香料具有温热属性，能够减缓焦虑症状，此外，汤中食材丰盛，能为身体补充大量营养，使人感到心神安宁。鹰嘴豆富含蛋白质，与根茎类蔬菜一起构成这道汤的主要食材。鹰嘴豆发挥双重作用，它作为点缀，口感香脆，本身就是一道让人垂涎的小吃；同时，它还富含色氨酸，这种氨基酸能在汤内复合碳水化合物的帮助下被人体吸收，提升人体内血清素的含量。不要忘记，要慢下来，做几次深呼吸——这是减缓压力的最有效方法！

小贴士：你还可以换个口味，用奶油南瓜代替红薯。

食材	
孜然粉，1 茶匙	特级初榨橄榄油或牛油果油，3 汤匙
红椒粉，1 茶匙	罐装鹰嘴豆，1 罐（约 450 毫升）
芫荽籽粉，½ 茶匙	黄洋葱，切碎，½ 个
精细海盐与现磨黑胡椒	蒜，切碎，1 瓣
红薯，去皮、切成 2 厘米的小块，1 个（约 350 克）	低钠蔬菜高汤或水，5 杯，酌情增加
欧防风，切成 2 厘米小块，2 根（约 250 克）	椰奶油，约 ¼ 杯，用于佐餐
胡萝卜，去皮、切成 2 厘米小块，2 根（约 250 克）	新鲜芫荽，切碎，约 ¼ 杯，用于装盘

做法

1. 烤箱预热至 200℃。取小号碗，放入孜然粉、红椒粉、芫荽籽粉、1 茶匙海盐、¼ 茶匙黑胡椒，搅拌均匀。将红薯块、欧防风块、胡萝卜块倒在带卷边的大烤盘上，浇淋 1 汤匙油，轻颠烤盘，使食材均匀沾上油，然后撒上 2 茶匙拌匀的香辣粉。再次轻颠烤盘，然后将食材摊开，形成均匀的一层，开始烘烤，期间翻转几次，直至食材焦黄、软嫩，大约需要 25 分钟。

2. 将鹰嘴豆倒在滤盆中、冲净，取 1 杯鹰嘴豆倒入一只碗中，放置一旁。将剩余鹰嘴豆（应当剩余约 ½ 杯）铺在厨房纸巾上，轻拍直至表面水分完全吸干，放置一旁。

3. 起煮锅，开中火，热 1 汤匙油。放入黄洋葱、蒜，略微翻搅，直至变软、呈金黄色，大约需要 5 分钟，倒入留出的 1 杯鹰嘴豆翻搅，使豆子热透，大约需要 1 至 2 分钟。倒入高汤或水，调至大火烧开，再调至中小火。放入烤好的食材，搅拌均匀，保持微微烧开的状态。

4. 取浸入式搅拌机，将汤内固体打成细滑的泥状。还可以将汤倒入搅拌机或料理机中打成泥状，酌情分几次完成。视个人喜好，掌握高汤或水量，调至合适的黏稠程度。将汤倒回煮锅，开小火，缓缓加热，同时制作香脆的鹰嘴豆。

5. 制作香脆的鹰嘴豆。取带卷边的小烤盘，放入烤箱中加热 5 分钟。将留出的鹰嘴豆倒入一只碗中，撒上 1 茶匙香辣粉。将 1 汤匙油倒在烤盘上，要小心，将烤盘放回烤箱几分钟，使油变热，然后用勺将鹰嘴豆倒在烤盘上，把鹰嘴豆摊开，形成均匀的一层，同样要小心。开始烘烤，翻搅 1 至 2 次，直至香脆、呈金黄色，大约需要 15 分钟。

6. 用汤勺将汤盛入各只碗中，每只碗中甩入少许椰奶油，搅匀，用香脆的鹰嘴豆与芫荽装盘，趁热端上桌，开始食用。

备忘录——从容镇定的小仪式

> 小贴士：选择的食物应具有让人安神、踏实的属性。

扁桃仁	薰衣草
香蕉	兵豆
蓝莓	蘑菇
巴西栗	塔尔西茶（圣罗勒）
洋甘菊	藏红花
鹰嘴豆	火鸡肉
黑巧克力	姜黄
多脂的鱼类	

做 3 次深呼吸

有时，一周的工作与生活会让你忙得不可开交，这时，你需要即刻见效的方法，让自己恢复从容、镇定。瑜伽可以奏效，静思也很管用，做一次薰衣草香薰泡浴会让人感到格外轻松、惬意。然而，在紧张繁忙的一天中，我们也许只能拿出几分钟的时间缓解压力。如果通过一些耗时的活动缓解焦虑，反倒会让人更加焦虑，所以，不妨在餐前做一个小仪式——做 3 次深呼吸。这种方法的便利之处在于，你可以随时随地做深呼吸。吸气、呼气，就是如此简单。当你忙得焦头烂额时，让呼吸节奏放缓。吸气时，慢慢数三下，在大脑中默念"1……2……3"，然后，再按照同样的节奏慢慢地呼气。你会立即感到从容、镇定。

你的大碗怡情思慕雪

1 人份

做一大碗思慕雪，可以简单方便地为一天的工作和生活提供丰富的营养，提升你的状态。也许你没有时间，烹饪手艺乏善可陈，但不要紧，只需要拿出搅拌机，放一把蔬菜、一些冷冻水果、有益脂肪与蛋白质，就可以打出一份营养均衡的正餐或小吃。我的小儿子丹尼尔从很小就开始自己做思慕雪。现在，他在基本食材的基础上，已经能够做出各种混搭，极富创造力的同时，又让人垂涎欲滴。一旦你掌握了窍门，甚至不需要量具，同时，还可以按目标状态选择食材。

> 小贴士：与其他餐具相比，我个人偏爱用碗装思慕雪，因为添加点缀后，用汤匙吃能够让人体会到食材的层次感与香脆的口感，从而得到更大的满足感。如果要用玻璃杯喝思慕雪，可以多添加一些液体，使它稀释一些。

大碗思慕雪基础食材

植物奶，½ 杯（视个人喜好调节用量，达到合适黏稠度）

菠菜（或依个人喜好选择其他绿叶菜），切碎，1 杯

1 勺植物蛋白粉或者 1 份胶原蛋白

精细海盐，1 撮

做法

将所有食材放入搅拌机中，高速搅拌，直至细滑。接下来，从下文中的清单中选出你的目标状态，将对应的食材添加到搅拌机中的基础食材里，直到搅拌细滑。倒入碗中，依个人喜好加一些点缀，端上桌，拿起汤匙，尽情享用吧！

开心幸福	
冷冻香蕉，去皮、切片，1 根	新鲜薄荷叶，2 汤匙；或者薄荷提取物，⅛ 茶匙
牛油果，去皮、切片，¼ 个	生可可粒，1 汤匙（最后添加，与其他食材搅匀即可，不要搅碎）
升级版 螺旋藻，1 茶匙；或者抹茶粉，1 茶匙；或者玛卡粉，½ 至 1 茶匙（视个人喜好选择，同时参考食材包装说明）	

专心致志	
冷冻杧果，切成丁，1 杯	新鲜青柠汁，1 汤匙
牛油果，去皮、切片，¼ 个	青柠皮，切碎，1 茶匙
升级版 抹茶粉，1 茶匙；或者奇亚籽，2 茶匙（视个人喜好选择）	

容光焕发	
冷冻菠萝，切成块，1 杯	牛油果，去皮、切片，¼ 个
猕猴桃，去皮、切成块，¼ 杯	新鲜芫荽，切碎，2 汤匙
升级版 鲜姜，去皮、切碎，1 茶匙；或者卡姆果粉，1 茶匙（视个人喜好选择）；或者同时添加二者	

坚强有力	
橙子，去皮、去籽、切成块、冷冻后，1 个	冷冻菜花米，½ 杯
冷冻香蕉，去皮、切片，½ 个	新鲜姜黄，切碎，½ 至 1 茶匙
	香草精，½ 茶匙
升级版 鲜姜，去皮、切碎，1 茶匙；或者橙子皮，切碎，1 茶匙（视个人喜好选择）	

舒心自在	
红薯，蒸熟，碾成泥，冷冻后，½ 杯	椰枣，1 颗，去核、切碎
冷冻菜花米，½ 杯	鲜姜，去皮、切碎，1 茶匙
扁桃仁酱或腰果酱，1 汤匙	肉桂粉，½ 茶匙
升级版 亚麻籽，2 茶匙；或者新鲜肉豆蔻，切碎，⅛ 茶匙（视个人喜好选择）；或者同时添加二者	

感官满足	
冷冻树莓，1 杯	可可粉或生可可粉，1 汤匙
冷冻香蕉，去皮、切片，½ 个	香草精，½ 茶匙
扁桃仁酱或腰果酱，1 汤匙	
升级版 玛卡粉，½ 茶匙（视个人喜好选择，同时参考食材包装说明）	

从容镇定	
冷冻蓝莓，1 杯	西葫芦，切成块，½ 杯（中等大小，约 ½ 个），蒸熟后冷冻
冷冻香蕉，去皮、切片，½ 个	牛油果，去皮、切片，¼ 个
升级版 印度人参粉，1 份（视个人喜好选择）	

如何选用顶部点缀

我们可以在思慕雪顶部加一些点缀，为它增添层次感与香脆的口感，同时，顶部点缀食材本身也可以提升状态。

- 香蕉片
- 蜂花粉
- 生可可粒
- 肉桂
- 新鲜浆果

- 新鲜薄荷叶
- 枸杞
- 格兰诺拉燕麦酥
- 坚果类
- 椰肉丝

致 谢

//////////////////////////

我用了大半生来书写《食物与执念》，如今得以问世，离不开许多人的支持、鼓励以及他们的创意和构思。

感谢我的父母贝弗莉（Beverly）与赫伯特（Herbert），他们是我最坚定的支持者、最忠实的粉丝，是他们教给我家庭聚餐的意义，以前我可能没有理解它，但现在我要将这项家庭传统传承下去。我为此感到骄傲。

感谢我的姐姐特蕾西（Tracy）与哥哥罗伯特（Robert），他们是我的食物故事中的家人原型，我们曾在夜深人静的时候把小手探进锁起来的冰箱里，也曾在餐桌旁留下美好的回忆。

感谢我的小家庭——我的丈夫史蒂文、两个儿子诺亚与丹尼尔，千言万语，一时道不尽，感谢他们陪伴我一起踏上这趟食物故事的旅途；感谢他们都参与进来，帮我做出一道道难忘的美食。

感谢我们家可爱的两只金毛犬，在本书的创作期间，它们始终趴在我脚下（让我保持清醒），感谢它们提醒我，要离开写字台，到户外放松精神。它们永远是我的创作伙伴与拥抱的对象。

感谢瓦莱丽·甘加斯（Valerie Gangas）在精神上陪伴我。有她做朋友，我感到幸福；能与她常联系，我心怀感激。

感谢维多利亚·埃里克森（Victoria Erickson）教会我如何倾听内心的声音、写出流畅的文字，我永难忘怀。

感谢米歇尔·尼索玛（Michelle ni Thuama）在幕后做了大量细致的工作，我的语音留言有时很长，但她始终耐心倾听。我为她和她生活中的新篇章感到高兴。

感谢我的代理科琳·奥谢（Coleen O'shea），她在工作上拼劲十足，由她代理我的权益，我感到荣幸。感谢她带我完成整个出版流程。她的专业知识以及对工作的奉献精神无人能敌。

感谢琳达·西韦森（Linda Sivertsen）始终相信我，并为我安排最美好的闭关体验，使我能够理清本书的思路。

感谢亚历珊德拉·弗兰岑（Alexandra Franzen），当我对自己的方案一度绝望时，是她救我于水火。你很有天赋，能够化繁为简，消除了我的压力。

感谢茱莉亚·帕斯托（Julia Patrore），没有她，我无法完成本书的创作过程。感谢她细致、周到的参谋；感谢她在我"犹疑不决"、迟迟不能发出书稿的时候，保持极大的耐心。在整个创作过程中，是她帮助我照顾到每个细节、做到井井有条。

感谢 Sounds True 出版社编辑戴安娜·文蒂米莉亚（Diana Ventimiglia），早在我们第一次通话时，她就把她的食物故事讲给我听，那时我就知道，我们注定要结缘。

特别感谢 Sounds True 出版社团队的其他成员：感谢杰德·拉赛尔斯（Jade Lascelles）耐心指导我完成制作流程；感谢卡伦·波拉斯基（Karen Polaski）与林赛·多达罗（Linsey Dodaro）将我的想法实现、设计成无可挑剔的书封；感谢市场营销与宣传部的基拉·罗克（Kira Roark）与尼克·斯莫尔（Nick Small）大力推广本书；感谢其他人帮助我实现梦想、出版本书。

感谢我的摄影师珍妮弗·蔡斯（Jennifer Chase）实现我的设想，通过神奇的视觉效果讲述我的故事。从合作之初开始，她的才气就让我大开眼界。

感谢我的食物造型师妮科尔·布赖恩特（Nichole Bryant），她为一份份美食注入创意、营造出视觉深度。

感谢利默纳塔创意咨询公司（Limonata Creative）的茱莉艾塔·平纳（Giulietta Pinna），她是最富有个性的道具造型师，也是把创意变为艺术的奇才。

感谢凯莉·多兰（Kelly Dolan）让我更上镜并让我在拍照时放松下来。

热忱地感谢金·莱德劳（Kim Laidlaw）帮助我获取本书的食谱并为之增色。期待与你一起烹饪、享受美食！

感谢鲁思·恩柯里夫（Ruth Enckleve）充当我的试吃员，并帮我去超市买来所有食材。

最后，感谢我的社区中的每个人，包括我的学员、社交媒体大家庭、订阅我的电子邮件的朋友、《从前有个食物故事》播客的听众。我没有想到，当我向世界传播食物故事的理念时，会遇到如此多持开放心态的人。每一天我都要提醒自己有多幸运，每一天我都在内心感谢他们每个人，每一天我都会受益于他们的留言、电子邮件、短信以及他们的食物故事。有了他们，才有了本书！

版权声明